期表

10	11	12	13	14	15	16	17	18
								ヘリウム 2 **He** 4.003
元素名 原子番号 **元素記号** 原子量			ホウ素 5 **B** 10.81	炭素 6 **C** 12.01	窒素 7 **N** 14.01	酸素 8 **O** 16.00	フッ素 9 **F** 19.00	ネオン 10 **Ne** 20.18
			アルミニウム 13 **Al** 26.98	ケイ素 14 **Si** 28.09	リン 15 **P** 30.97	硫黄 16 **S** 32.07	塩素 17 **Cl** 35.45	アルゴン 18 **Ar** 39.95
ニッケル 28 **Ni** 58.69	銅 29 **Cu** 63.55	亜鉛 30 **Zn** 65.38	ガリウム 31 **Ga** 69.72	ゲルマニウム 32 **Ge** 72.63	ヒ素 33 **As** 74.92	セレン 34 **Se** 78.96	臭素 35 **Br** 79.90	クリプトン 36 **Kr** 83.80
パラジウム 46 **Pd** 106.4	銀 47 **Ag** 107.9	カドミウム 48 **Cd** 112.4	インジウム 49 **In** 114.8	スズ 50 **Sn** 118.7	アンチモン 51 **Sb** 121.8	テルル 52 **Te** 127.6	ヨウ素 53 **I** 126.9	キセノン 54 **Xe** 131.3
白金 78 **Pt** 195.1	金 79 **Au** 197.0	水銀 80 **Hg** 200.6	タリウム 81 **Tl** 204.4	鉛 82 **Pb** 207.2	ビスマス 83 **Bi** 209.0	ポロニウム 84 **Po** (210)	アスタチン 85 **At** (210)	ラドン 86 **Rn** (222)
ムスタチウム 110 **Ds** (281)	レントゲニウム 111 **Rg** (280)	コペルニシウム 112 **Cn** (285)	ウンウントリウム 113 **Uut** (284)	フレロビウム 114 **Fl** (289)	ウンウンペンチウム 115 **Uup** (288)	リバモリウム 116 **Lv** (293)		ウンウンオクチウム 118 **Uuo** (294)
ドリニウム 64 **Gd** 157.3	テルビウム 65 **Tb** 158.9	ジスプロシウム 66 **Dy** 162.5	ホロミウム 67 **Ho** 164.9	エルビウム 68 **Er** 167.3	ツリウム 69 **Tm** 168.9	イッテルビウム 70 **Yb** 173.1	ルテチウム 71 **Lu** 175.0	
キュリウム 96 **Cm** (247)	バークリウム 97 **Bk** (247)	カリホルニウム 98 **Cf** (252)	アインスタイニウム 99 **Es** (252)	フェルミウム 100 **Fm** (257)	メンデレビウム 101 **Md** (258)	ノーベリウム 102 **No** (259)	ローレンシウム 103 **Lr** (262)	

子量表（2013）による．
ついては天然で特定の同位体組成を示すので，原子量が与えられる．

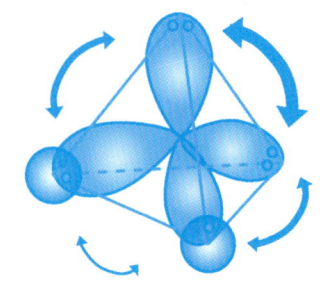

興味が湧き出る
化学結合論

基礎から論理的に理解して
楽しく学ぶ

久保田真理 著

共立出版

はじめに

　本書はその名の通り，"化学結合論"の本である．我々の身のまわりの物質は，わずか100数種類の原子から成り立っている．我々の身体も例外ではない．ところで，みなさんは，原子や分子を見たことがあるだろうか．日常生活では，見ることができないほど小さいものである．原子とはどのような構造をしていて，どのように結合しているのだろうか．化学を学ぶためには，まず，電子や原子，そして化学結合について理解しておかなければならない．したがって，大学では，初めに化学結合論について学ぶことが多い．そして，理解ができず，化学が好きだった学生でさえ，化学が嫌いになってしまう．そういう人が多いようだ．原子や分子のような微視的世界について考えようとすると，量子力学の知識が必要なため難解に感じてしまうのである．筆者も大学生だった頃，初めての化学の授業に打ちのめされた．いきなり，シュレーディンガー方程式が登場した．慌てて本屋に駆け込んだが，今と違って難しい本ばかりであった．「もっと，わかりやすい本があれば……」と，どんなに思ったことか！

　大学の教員になり，学生に教える立場になった．講義中，「先生，ここ重要！とか言って」という学生の声を聞いたときには呆れた．「化学は暗記！」と思い，教科書の内容を何の疑いもなく，受け入れるだけの学生が多いことに驚愕すると同時に，危機感を感じる．しかし，そもそも物理と数学の知識が整っていない状態で化学を学ぶことが問題なのだ．そのうえ，大学受験までに難問が解けるようになる必要がある．覚えるしかなかったのだ……．社会が論理的な思考力の欠如した学生を作り出してしまったともいえる．しかし，化学に限らず，科学は論理的な学問である．なぜ？　という疑問を論理立てられた説明によって解釈することで理解が深まっていくものである．ゆえに，論理的思考力こそ，身につけてほしい能力である．難解な本を何冊も読み，自分の頭の中でつぎはぎして論理立てて理解する．それが理想的な学習であるが，なかなか難しい．きっかけを作ることが必要である．「化学って論理的なんだ！」と，感じなければ始まらない．疑問を持ち，それを順序立てて論理的に解釈することで，理解してもらいたい．そのようなプロセスを身につけて欲しい，という思いで講義をしてきた．その講義ノートと経験をもとに書いたものが本書である．幸か

不幸か，筆者は威厳がないため，学生によく質問される．そうした質問をふまえながら学生の目線に立ち，わかりやすく解説をしたつもりである．

　本書は，難しい物理や数学の知識がなくても定性的に化学結合論を理解できるように説明したものである．また，さらに一歩踏み込んだ学習がしたい人向けの解説も盛り込んだ．大学1，2年生に幅広く活用してほしい．
　今まで化学を暗記してきた学生に，実は化学は非常に論理立った学問であることを認識してもらえるように構成してある．例えば，本書を読めば，当然のこととして受け入れてきた原子の構造，殻に収容できうる電子の数，水分子が折れ曲がった構造であることなども，なぜなのかがわかる．
　本書を読むことにより，小さなことにも「なぜ？」と疑問を感じ，化学を，そして，物事を論理的に考える力を身につけてほしい．

　原稿執筆には，誤りや誤解のないように注意をはらったつもりであるが，筆者の思い違いや説明不足な点があるかもしれない．もし，お気付きの点があれば，ぜひご指摘していただきたい．
　化学結合論に関しての講義ノートは，当時のボスであった小林常利先生の「基礎化学結合論」（培風館）を骨格にして作成した．その講義ノートを土台として本書を執筆したので，小林先生の教えや本の影響は大きい．この場を借りて心より感謝申し上げる．
　なお，図の多くは，筆者の伝えたいイメージを瀧野瑠璃氏が描いてくれた．ここに感謝の意を表したい．瀧野氏は慶應義塾大学法学部の学生であり，化学の知識はそれほどない．つまり，本書は文系の学生にも理解できるように書かれている．また，娘（久保田姫子）には，読者と同年代の学生目線から，不足のない説明になっているかどうかを，時折，チェックしてもらった．
　末筆ながら，本書を完成させ発刊させるにあたり，多大なお骨折りを賜った共立出版の酒井美幸氏には，深く感謝したい．

2014年3月

久保田　真理

目　次

第 1 章　電子の発見と原子模型　　1
- **1.1** 原子の発見 …………………………………… *1*
- **1.2** 電子の発見 …………………………………… *2*
- **1.3** 原子模型 ……………………………………… *4*
- 問題 ……………………………………………… *7*

第 2 章　量子論のはじまり　　9
- **2.1** 説明できない現象 …………………………… *9*
  - **2.1.1** 水素原子発光スペクトルの謎 ………… *9*
  - **2.1.2** 原子は存在しない？ …………………… *11*
- **2.2** 新しい理論の登場 …………………………… *11*
  - **2.2.1** プランクの量子論 ……………………… *11*
  - **2.2.2** 光電効果 ………………………………… *14*
- **2.3** ボーアの水素原子模型の誕生 ……………… *16*
- **2.4** 物質の波動性 ………………………………… *24*
  - **2.4.1** 光は波なのか？　粒子なのか？ ……… *24*
  - **2.4.2** 電子も二重性？ ………………………… *28*
- **2.5** 不確定性原理 ………………………………… *29*
- 問題 ……………………………………………… *31*

第 3 章　量子力学の基礎　　33
- **3.1** シュレーディンガーの波動方程式 ………… *33*
- **3.2** ボルンの解釈 ………………………………… *37*
- **3.3** 箱の中の粒子 ………………………………… *38*
- 問題 ……………………………………………… *43*

第4章　原子軌道と原子の電子構造　　　45

4.1　水素類似原子の波動関数　45
4.2　量子数　48
4.3　原子軌道の形　51
4.4　原子の基底電子配置　55
4.4.1　構成原理　55
4.4.2　遮蔽効果　57
4.4.3　例外　58
4.5　原子の電子配置と元素の周期性　62
4.5.1　原子のイオン化エネルギー　62
4.5.2　原子の電子親和力　64
問題　65

第5章　水素分子イオンの分子軌道　　　67

5.1　なぜ，電子が結合の担い手となるのか　67
5.2　水素分子イオンの波動関数　69
5.3　分子軌道の表記法　72
問題　76

第6章　等核二原子分子の分子軌道　　　77

6.1　結合次数　77
6.2　結合エネルギー　78
6.3　HOMO と LUMO　79
6.4　磁性　79
6.5　二原子分子の分子軌道　80
6.5.1　二原子分子の分子軌道の形成のルール　80
6.5.2　第一周期元素の等核二原子分子の分子軌道　82
6.5.3　第二周期元素の等核二原子分子の分子軌道　84
6.5.4　結合の強さ　93

| 問題 | 94 |

第 7 章　異核二原子分子の分子軌道　95

7.1 異核二原子分子の分子軌道 …… 95
7.2 結合の極性 …… 100
　7.2.1 電気陰性度 …… 100
　7.2.2 電気双極子モーメント …… 102
　7.2.3 結合のイオン性 …… 104
　問題 …… 106

第 8 章　分子の形　107

8.1 混成軌道 …… 107
　8.1.1 sp^3 混成軌道 …… 107
　8.1.2 sp^2 混成軌道 …… 110
　8.1.3 sp 混成軌道 …… 113
　8.1.4 sp^3d^2 混成軌道 …… 115
8.2 孤立電子対の影響 …… 117
8.3 VSEPR 法 …… 120
8.4 局在化軌道と非局在化軌道 …… 122
　問題 …… 127

第 9 章　配位結合と金属錯体　129

9.1 配位結合 …… 129
9.2 金属錯体 …… 133
　9.2.1 二配位錯体 …… 133
　9.2.2 四配位錯体 …… 134
　9.2.3 六配位錯体 …… 136
　9.2.4 結晶場理論 …… 138
　問題 …… 141

第10章　分子間相互作用　　143

10.1 静電相互作用 ……………………………………… *143*

10.2 電荷移動相互作用 …………………………………… *145*

10.3 水素結合 ……………………………………………… *146*

10.4 疎水相互作用（疎水結合） ………………………… *150*

問題 ……………………………………………………… *154*

第11章　結晶構造　　155

11.1 結晶格子 ……………………………………………… *155*

11.2 共有結合結晶 ………………………………………… *157*

11.3 金属結晶 ……………………………………………… *157*

11.4 イオン結晶 …………………………………………… *165*

11.5 分子性結晶（分子結晶） …………………………… *170*

11.6 水素結合性結晶 ……………………………………… *171*

問題 ……………………………………………………… *173*

付表 ………………………………………………………… *175*

索引 ………………………………………………………… *178*

第1章 電子の発見と原子模型

我々の身のまわりの物質はわずか100数種類の原子から成り立っている．私たちの身体も薬も例外ではない．原子が結びついて，分子ができる．結合の担い手は"電子"であり，それは，原子の構成要素の一つである．化学結合を理解するためには，まず，"原子"について学ぶ必要がある．

原子はどのような構造をしていて，どのように結合をしているのだろうか．中学や高校の教科書に載っている核のまわりに電子がぐるぐる回っている絵が本当に原子の姿なのだろうか．

1.1　原子の発見

すべての物質は，微粒子，すなわち原子から構成されるという原子説は紀元前に提唱された．この提唱者として代表的な哲学者がデモクリトス（Demokritos）である．しかし，物質の構造が連続的であるとするアリストテレス（Aristoteles）の説に抑圧され，科学の発展が遅れた．

科学的根拠に基づいた今日の原子の概念の基礎の確立には19世紀初頭のドルトン（J. Dalton）の登場を待たなければならなかった．ドルトンは原子説に基づいて，ラヴォアジェ（A. L. Lavoisier）の質量保存の法則やプルースト（J. L. Proust）の定比例の法則を説明し，倍数比例の法則を予想して検証した．

こうして，物質の構成単位として原子という概念が導入された．

化学の基本法則

〈質量保存の法則〉

1774 年,ラボアジェ(A. L. Lavoisier)が発見した法則で,化学反応の前後で物質の質量の総和は変わらないという法則.

〈定比例の法則〉

1799 年,プルースト(J. L. Proust)が提唱した法則で,化合物中の成分元素の質量比は常に一定であるという法則.

〈倍数比例の法則〉

1802 年,ドルトン(J. Dalton)が原子説と一緒に予言した法則で,後に実証された.2 種類の元素から何種類かの化合物ができるとき,一方の元素の一定量と化合する他方の元素の質量の比は簡単な整数比になるという法則.

〈気体反応の法則〉

1805 年,ゲー・リュサック(J. L. Gay-Lussac)が発見した法則で,等温・等圧のもとで反応する気体の体積比は簡単な整数比になるという法則.

〈アボガドロの法則〉

1811 年,アボガドロ(A. Avogadro)が提唱した法則で,等温・等圧のもとでは同体積のすべての気体は同数の分子を含むという法則.

1.2　電子の発見

電子は,1897 年にトムソン(J. J. Thomson)により発見された.**図 1.1** のように**陰極線**に電場や磁場をかけると,陰極線の進路が曲がることから,負に帯電した粒子(電子)の流れがあることが示されたのである.トムソンは電場と磁場の大きさを変化させると,陰極線の曲がり具合が変化することを発見し,電場と磁場による陰極線の偏向を測定した.そして,この負に帯電した粒子(電

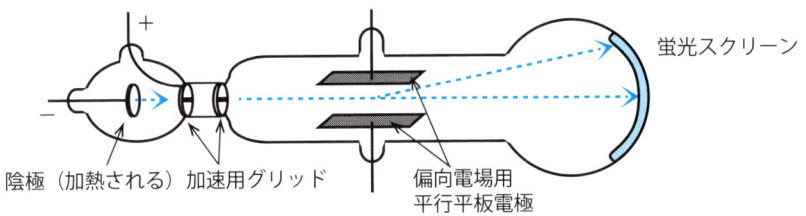

図 1.1　Thomson の陰極線管
2 個の電極を備えたガラス管内に気体を入れ，真空ポンプでひいて低圧にし，両極間に高電圧をかけると放電が起こり，陰極から陽極に向かって陰極線が放射される．

子）の**比電荷**（電荷の絶対値 e の質量 m_e に対する比：e/m_e）は電極や封入気体によらず，一定の値を示すことがわかったのである[†1]．

　この段階では比電荷しかわからなかった．いったい，電子 1 個が持っている電気量はいくらなのか．この問題を解決したのは，ミリカン（R. A. Millikan）である．1909 年，ミリカンは電子 1 個の持つ電気量を**図 1.2** のような装置で精密に測定した．これは，従来の水滴法を改めて油滴法を用いるもので，ミリ

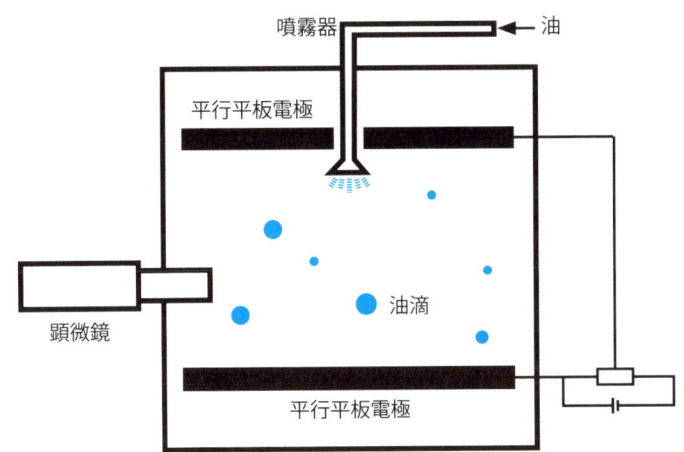

図 1.2　Millikan の油滴実験
まず，X 線を空気に照射して得られた電子を霧吹きでつくった油滴に付着させる．平行電極板に電位差をかけたときとかけないときの油滴の自由落下速度を測定し，油滴の電荷が常にある最小単位の整数倍になることを発見し，その値を求めた．

[†1]　トムソンはこれらの功績により 1906 年にノーベル物理学賞を受賞している．

カンの**油滴実験**と呼ばれている．実験の結果，油滴の電荷がいずれもある値の整数倍になっていることがわかったのである．この最小単位を**電気素量**，**電荷素量**，**素電荷**といい，記号 e を用いて表す．電子は $-e$，陽は $+e$ の電荷を持つ．こうして，電子の電荷 $-e$ が測定され，比電荷から質量 m_e が求められた．現在の値[†2]は

$$-e = -1.6022 \times 10^{-19} \text{C}$$

$$m_e = 9.1094 \times 10^{-31} \text{kg}$$

である．

電子の質量は，原子の中で最も軽い水素原子の約 1/2000 であり，非常に軽いことがわかる（章末の問題 2）．

> **コラム　電子（electron）の存在を予言した名付け親：G. J. Stoney**
>
> ファラデーの電気分解の法則が見いだされたのは 1833 年のことである．その後，ストーニー（G. J. Stoney）が 1874 年，電気分解におけるイオンの帯電量を計算して電気素量（電気の基本単位）の存在を主張し，これを electron と名付けたのである．

1.3 原子模型

さて，電子が発見されたことにより，これ以上分割できない基本的な粒子と考えられていた原子よりも小さいものがあることがわかった．しかし，原子がどのような構造をしているのか，原子の中のどこに電子が位置するのかなどは，まだわからなかった．原子の構造を考えるにあたって，まず，以下の性質に注目してみよう．

[†2] 正確な値は巻末の表に記す．

第 1 章 電子の発見と原子模型

わかっている原子の性質		条件
① 原子は電気的に中性である．	→	① 電子以外の残りの部分が正電荷を持つはず．
② 電子の質量は原子に比べて極めて軽い．	→	② 原子の質量の大部分は電子以外の残りの構成成分．

これらの性質から右の条件が考えられる．

　これらの条件を満たすモデルがいろいろ提案されたが，その代表的なモデルが図 1.3 のようなトムソンらに代表される (a) "レーズンパン" モデルと長岡半太郎らに代表される (b) "土星" モデルである．

　本当の原子の姿は "レーズンパン" モデルなのだろうか，"土星" モデルなのだろうか．1911 年，ラザフォード（E. Rutherford）は，実験により "レーズンパン" モデルを否定し，"土星" モデルを支持した．

　薄い金属箔に α 線を照射すると大部分の α 線はまっすぐに通過するが，まれに大きい角度で曲げられたり，あるいは，はね返ったりする現象を観察した．この事実は，原子のある部分に正電荷が集中していることを示唆する．つまり，図 1.4 に示すように，"レーズンパン" モデルでは，正電荷が薄く均一に広がっているため，正に帯電した α 線はほとんど影響を受けることなく，ほぼ直進すると考えられる．しかし，"土星" モデルの核をかなり小さくしたモデルであれば，正電荷の集中する小さな核の周辺を通過するときのみ反発を受けて，その進路が大きく曲がることを説明できるのである．

　こうして，**有核原子模型**が支持されると，その実験的研究が進み，原子核の

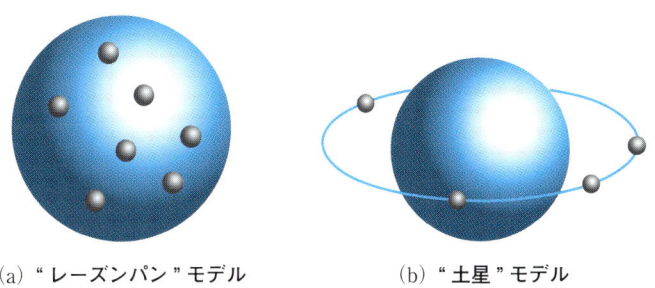

(a) "レーズンパン" モデル　　　(b) "土星" モデル

図 1.3　原子模型の代表的なモデル

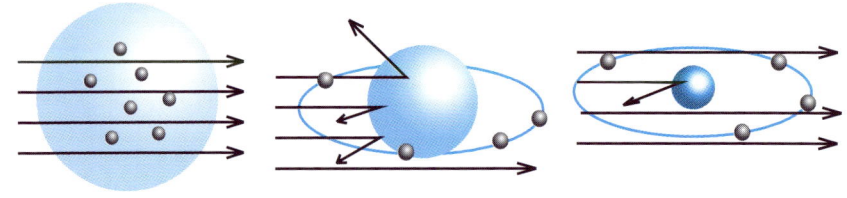

(a) "レーズンパン" モデル　　(b) "土星" モデル　　(c) 有核原子模型

図1.4　ラザフォードの α 粒子散乱実験による各モデルの考察

直径は $10^{-15} \sim 10^{-14}$ m，原子の直径は 10^{-10} m 程度であることがわかり，さらに，核の持つ電荷についてもわかってきた．そして，原子番号 Z の原子では，$+Ze$ の電荷を帯びた核が中心にあり，そのまわりを Z 個の電子が円軌道を描いて回っているというモデルが提案されたのである．これを有核原子模型という．

問題

1. Millikan は電子の電荷を決定するための実験において，従来行われていた水滴法から油滴法に変えることで実験の精度を上げ，精密な値を求めることに成功した．なぜ，水滴より油滴がよいのか．

2. 原子の中で最も軽い水素原子は電子の質量の何倍程度であるか，計算しなさい．ただし，水素の原子量は見返しの周期表を参照せよ．

3. 以下の問いに答えなさい．

   1) 銅 0.8 g を燃やして酸化銅(II) が 1.0 g 生じた．このとき，銅と化合した酸素は何 g か．何の法則に基づいて答えを出したのか．

   2) 1) で銅 12 g を酸化すると，酸化銅(II) は何 g 生じるか．何の法則に基づいて答えを出したのか．

   3) 0℃，1.01×10^5 Pa における酸素 2 L の物質量と同じ物質量の水素は何 L か．何の法則に基づいて答えを出したのか．

   4) 水素 3 L と窒素 1 L が反応してアンモニア 2 L ができる．これを何の法則というか．

   5) 一酸化炭素，二酸化炭素における炭素と酸素の質量比は，それぞれ 3 : 4, 3 : 8 である．一酸化炭素，二酸化炭素において，一定量の炭素と結合する酸素の質量比を求めなさい．これを何の法則というか．

第2章 量子論のはじまり

　原子のモデルとして有核原子模型が提唱されたが，電子は本当に核のまわりを円軌道を描くようにぐるぐるまわっているのだろうか．どのような速さでどのような配置で存在しているのだろうか．そのエネルギー状態はどうなのだろうか．まだまだ解決できない問題が山積していた．これらを解決すべく登場したのが，"量子論"である．

2.1　説明できない現象

2.1.1　水素原子発光スペクトルの謎

　真空にしたガラス管に水素を封入して放電させたときに発する光を分光器にかけると，図 2.1 のような鋭い線スペクトルが得られる．このような線スペクトルは他の原子についても観測され，元素に特有の波長を示す．

　水素原子の発光スペクトルは連続ではなく，線スペクトルとなっている．また，その間隔は一定ではなく，短波長側にいくほど狭くなっている．この波長を何とかして数式で表すことができないだろうかと考えるのが科学者である．1885 年，バルマー（J. J. Balmer）は可視光の領域における 4 本のスペクトル

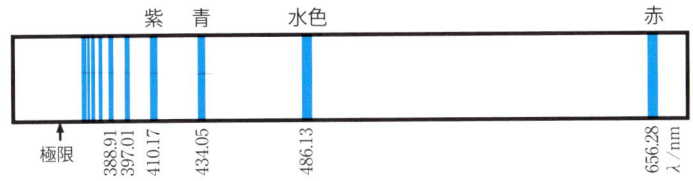

図 2.1　水素原子の発光スペクトル（バルマー系列）

の波長 λ が次式で表されることを発見した.

$$\lambda = \frac{n^2}{n^2 - 2^2} B \quad (n = 3, 4, 5, 6)$$
$$B = 3.6456 \times 10^{-7} \, \text{m}$$
(2.1)

この式で表されるスペクトルを**バルマー系列**と呼ぶ．

1890年，リュードベリ（J. R. Rydberg）は波長 λ の代わりに波数 $\tilde{\nu}$ を用いて以下のように変形した．

$$\tilde{\nu} = \frac{1}{\lambda} = R \left(\frac{1}{2^2} - \frac{1}{n^2} \right)$$
$$R = \frac{4}{B} \approx 1.097 \times 10^7 \, \text{m}^{-1}$$
(2.2)

R を**リュードベリ定数**という．

その後，紫外部や赤外部にもスペクトル系列が発見されたが，これらの系列は（2.2）式を一般化した次の式で表される．

$$\tilde{\nu} = \frac{1}{\lambda} = R \left(\frac{1}{n''^2} - \frac{1}{n'^2} \right) \quad (n' > n'')$$
(2.3)

この（2.3）式で表されるスペクトル系列を**リュードベリ系列**という．水素原子について観測されているスペクトル系列を**表 2.1**に示す．それぞれの系列の名前は発見者の名前である．

表 2.1　水素原子の発光スペクトル

系列	n''	領域
ライマン（Lyman）	1	紫外部
バルマー（Balmer）	2	可視部
パッシェン（Paschen）	3	赤外部
ブラケット（Brackett）	4	赤外部
プント（Pfund）	5	赤外部

しかし，なぜ，スペクトルが (2.3) 式で表されるのか，なぜ，不連続なスペクトルなのか，これらは当時の物理学では解明できない謎であった．

2.1.2 原子は存在しない？

第1章で有核原子模型が提唱されたが，当時の古典物理学ではこのモデルに矛盾があった．マクスウェルの電磁気学では，電子のように電荷を持った粒子が円運動すると電磁波を放射するのである．つまり，エネルギーを失うのである．ということは，速度も低下する．すると，図 2.2 のように，負の電荷を持った軽い電子は，正に帯電した核に電気的な力で引きつけられ，最終的には核に取り込まれてしまうことになる．したがって，有核原子模型では，そもそも原子が安定に存在できないことになってしまうのである．さらに，このとき，放出される光（放射される電磁波）は連続的に小さくなっていくわけなので，得られるスペクトルも連続になるはずである．

結局，有核原子模型では，原子の安定性も線スペクトルも説明できない．謎が深まるばかりであった．

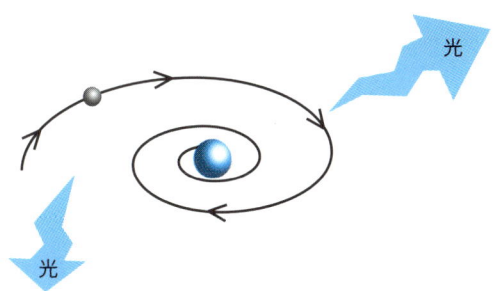

図 2.2　有核原子模型における電子の運動によるエネルギー放出

2.2　新しい理論の登場

2.2.1　プランクの量子論

さて，話は変わるが，当時，鉄鋼業が盛んになると，良質の鉄を得るために

熔鉱炉内の温度を正確に測定する方法がないだろうかと，研究が進められた．実験により，温度と光の波長の関係を示す曲線が得られたが，当時の古典物理学では，それを説明することができなかった．

1900年，プランク（M. Planck）は"**エネルギー量子**"という新しい概念を導入し，この実験曲線を説明することに成功した．この概念は，**図2.3**のように，エネルギーは"とびとびの値しかとれない"という新しい考え方である．当時の古典物理学における"すべてが連続している"という考え方とはまったく異なるものであった．例えば，重さや長さに代表されるように，古典物理学ではすべて連続していると考えられていたのである．

これに対して，エネルギーは $h\nu$ の間隔のとびとびの値しかとることができないと考えたのである．この $h\nu$ をエネルギー量子と呼び，h はのちに，**プランク定数**と名付けられた．現在の h の値[†3]は，

$$h = 6.6261 \times 10^{-34} \text{ J·s}$$

である．

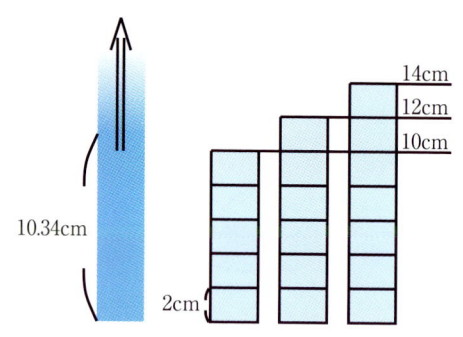

(a) 連続な値　(b) 量子化された値

図2.3　連続な値と量子化された値

(a) のように長さはどんな値でもとることができる連続な値である．これに対して，(b) のように高さ 2 cm のブロックを積み上げていくと，2 cm の整数倍の高さにしかならない．このように，とびとびの値しかとれないとき，量子化されているという．

---

†3　正確な値は巻末の表に記す．

コラム 温度と波長

熔けた金属は温度に応じた光（電磁波）を放つ．この電磁波を熱放射という．当時，この熱放射の研究が進められた．キルヒホッフ（G. R. Kirchhoff）はあらゆる波長の電磁波を完全に吸収する物質を想定し，真っ黒に見えるはずであることから，これを「黒体」と呼んだ．この黒体と熱平衡にある電磁波を**黒体放射**と呼ぶ．しかし，実際には，完全に電磁

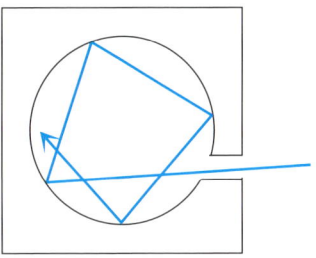

空洞放射

波を吸収する物体は存在せず，黒体は理想の物体である．そこで，小さな穴のあいた空洞を近似的に黒体とみなし，実験をしたのである．どうして，空洞を黒体とみなせるかというと，小さな穴から入った光は一部は吸収され，残りは反射されることを繰り返して完全に吸収されると考えられるからである．穴が非常に小さければ外に出ることができないからだ．この**空洞放射**の実験で下に示すようなスペクトルが得られた．

ある波長でピークをもつような山型の曲線が得られ，そのピークは低温では波長の長い側に，高温では波長の短い側にあるものであった．光の色は波長によって決まるので，熔鉱炉内の温度と波長に関係があることが理解できる．し

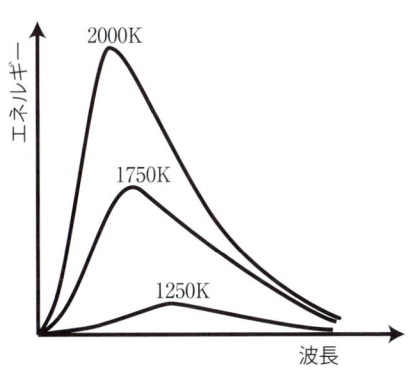

かし，このスペクトル曲線の形を理論的に説明することは難しく，量子論を導入することで，実験曲線を再現できたのである．

2.2.2 光電効果

金属表面や分子に光をあてると，電子が飛び出すという現象がすでに知られていた．これを"**光電効果**"といい，飛び出してくる電子を"**光電子**"という．実験の結果，ある一定の振動数以上の光を照射したときのみ電子が飛び出すことがわかった．この事実は，またもや古典物理学では説明できないものであった．古典論では，光は波と考えられていたからである．

光が波であるとすると，強い光（振幅の大きい光）をあてれば，光電子が飛び出してくるはずであり，光電子の運動エネルギーも大きくなるはずである．しかし，実際には，

① いくら強い光をあてても振動数が小さいと光電子は飛び出さない
② いくら強い光をあてても光電子の運動エネルギーは変わらない

という実験結果が得られたのである．なぜ，振動数の大きい光でないとダメなのだろうか．

これを解決したのがアインシュタイン（A. Einstein）である．アインシュタインは 1905 年，プランクの**量子論**を検討し，光電効果を説明することに成功したのである．これまで波であると考えていた光を粒子と考えたのである．光は $h\nu$ を単位とするエネルギーを持つ粒子（これを**光子**あるいは**光量子**と呼ぶ）であると仮定したのだ．図 2.4 のように，あるエネルギー以上の光量子 1 個が電子 1 個に衝突すると，光電子が飛び出すのである．この仮定に基づくと，以下のように考えることができる．

- 振動数 ν の光：同じエネルギー $h\nu$ の光量子の集団
- 光の強度が大きい：光量子の数が多い

第 2 章 量子論のはじまり

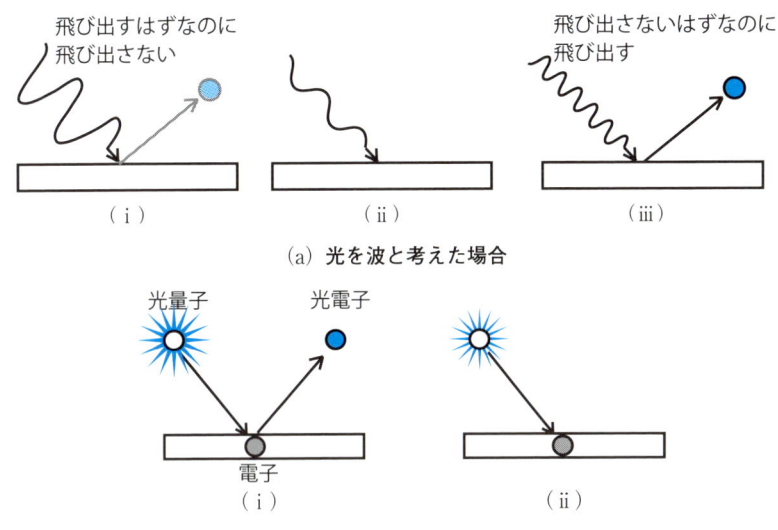

(a) 光を波と考えた場合

(b) 光を粒子と考えた場合

図 2.4 光電効果

(a)（ⅰ）と（ⅱ）は同じ振動数で振幅が異なる波，（ⅱ）と（ⅲ）は同じ振幅で振動数の異なる波である．光を波と考えた場合，強い光，すなわち，振幅が大きい光を照射すれば，光電子が飛び出すはずであるが，（ⅰ）のようにいくら振幅の大きい強い光を照射しても光電子は出てこない．逆に，（ⅲ）のように振幅が小さい光では光電子が出ないはずであるが，振動数の大きい光であれば，光電子が飛び出す．
(b)（ⅰ）はエネルギーの大きい（振動数の大きい）光量子，（ⅱ）はエネルギーの小さい（振動数の小さい）光量子である．光を粒子と考え，エネルギーの大きい光量子が電子にあたったときに光電子が飛び出し，光量子のエネルギーが小さいと飛び出さないとすれば，実験事実がうまく説明できる．強い光とは光量子の数が多いということであるから，いくら数が多くても，光量子の持つエネルギーが小さければ，光電子は飛び出さないわけである．また，光量子 1 個が電子 1 個にあたると光電子 1 個が飛び出すので，強い光をあてても（光量子の数が増え）光電子の数が増えるだけで，その運動エネルギーは変わらないわけである．

　振動数の大きい光はエネルギーが大きいので，一定以上の振動数の光をあてると光電子が飛び出すという事実を説明することができる．そして，強い光でも振動数が小さければ，光量子 1 個の持つエネルギーは小さいので，いくら数が多くても光電子は出てこないということになる（①の結果を説明できる）．
　試料から電子を取り出すのに必要な最低のエネルギーを P とすれば，光電子の運動エネルギー E_k との間に（2.4）式が成り立つ．

15

$$hν = P + E_k \tag{2.4}$$

$hν > P$ でなければ，光電子は出てこないのである．

また，強い光は光量子の数が多いので，飛び出す光電子の数もそれに比例して多くなる．しかし，1個の光量子の持つエネルギー（$hν$）は変わらないので，光電子の運動エネルギー E_k も変わらないのである（②の結果を説明できる）．

こうして，プランクの量子論の導入により光電効果を説明することができ，同時に，光は粒子であることが示されたのである．

2.3　ボーアの水素原子模型の誕生

話を元に戻そう．第1章で有核原子模型が提唱されたが，そのモデルでは原子の安定性や水素原子発光スペクトルの不連続性などが説明できないのであった (2.1節)．この矛盾点を解決したのがボーア (N. Bohr) である．1913年，ボーアは有核原子模型の定量的理論化を試みて，簡単でわかりやすいモデルを提案した．図2.5 のように，原子核を中心に電子（質量；m，電荷；$-e$）が半径 r の円軌道を描いているモデルである．電荷 $+Ze$ の原子核のまわりを1個の電子が半径 r の軌道上を等速円運動していると仮定する．原子核は電子に比べて非常に重いので，静止していると考えてよい．

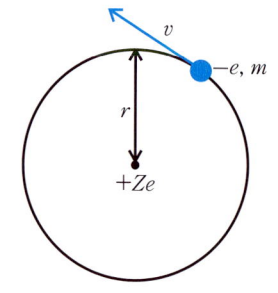

図2.5　ボーアの水素原子模型

電子のエネルギーについて考えると，

> 電子の全エネルギー＝運動エネルギー＋原子核と電子の間に働く静電的なポテンシャルエネルギー

が成り立つので，電子の全エネルギーを E とすれば，(2.5) 式が成り立つ．

$$E = \frac{1}{2}mv^2 - \frac{1}{4\pi\varepsilon_0}\frac{Ze^2}{r} \tag{2.5}$$

全エネルギー　　運動エネルギー　　静電的なポテンシャルエネルギー

ここで，ε_0 は真空の誘電率である．

また，等速円運動において，

> 電子にかかる向心力＝原子核と電子の間のクーロン引力

が成り立つので，(2.6) 式が成り立つ．

$$\underbrace{\frac{mv^2}{r}}_{向心力} = \underbrace{\frac{1}{4\pi\varepsilon_0}\frac{Ze^2}{r^2}}_{クーロン力} \tag{2.6}$$

(2.6) 式を変形すると，

$$\frac{1}{2}mv^2 = \frac{1}{8\pi\varepsilon_0}\frac{Ze^2}{r} \tag{2.7}$$

となる．(2.7) 式を (2.5) 式に代入すると，

$$E = -\frac{Ze^2}{8\pi\varepsilon_0 r} \tag{2.8}$$

となる．

　この状態では r の値は連続的に変化できるので，E も連続的な値をとることができ，水素原子の発光スペクトルが不連続になることは説明できない．ここで，ボーアの仮説の登場である．ボーアはこのモデルに量子論を導入したのである．定量的な話に入る前に，ボーアの立てた仮説の定性的なイメージを掴んでおこう．図 2.6 のようなイメージである．

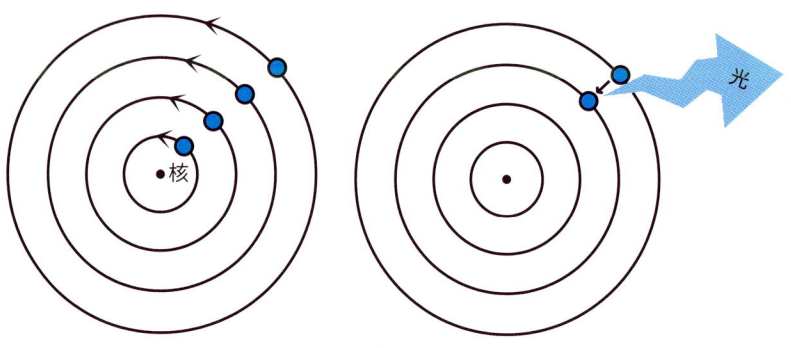

図2.6 ボーアの立てた仮説

≪ボーアの立てた仮説≫〜定性的イメージ〜

①量子仮説
  電子は量子化された軌道上を回っている.
②定常状態の仮説
  電子は動くと光を出してエネルギーを失うはずであるが,例外的にある軌道上を回っているときは同じエネルギー状態にある.
③遷移仮説
  高いエネルギー準位の軌道から低いエネルギー準位の軌道に電子が移るときには,そのエネルギー差に相当する光を放出する.

このように考えると,水素原子発光スペクトルのそれぞれの系列についても図2.7のように納得できる.

さて,イメージを掴んだところで,定量的に見ていくことにしよう.

ボーアの仮説の①**量子仮説**は定量的には,"電子の円運動は $h/2\pi$ の整数倍の角運動量を持つような,とびとびの円軌道上に限られる"ということであり,式で表現すると,

$$\underset{\text{等速円運動の角運動量}}{mrv} = n\frac{h}{2\pi} \quad (n \geq 1 \text{ の整数}) \tag{2.9}$$

となる.

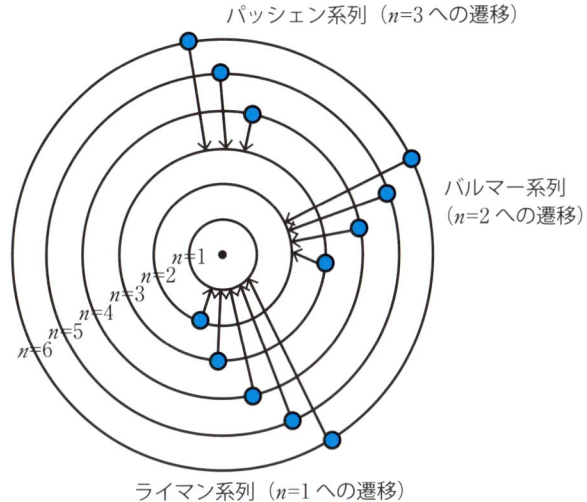

図 2.7 ボーアの仮説による水素原子発光スペクトルの理解

②定常状態の仮説における**定常状態**とは，運動していても時間に依存せず，エネルギーが不変である状態である．

遷移とは，電子がある状態から別の状態に飛び移ることであり，このときにそのエネルギー差に相当する光を吸収したり，放出したりする．③遷移仮説を式で表現すると

$$\Delta E = E_2 - E_1 = h\nu \tag{2.10}$$

と書ける．
(2.9) 式より，

$$v = \frac{nh}{2\pi mr} \tag{2.11}$$

となるので，(2.11) 式を (2.6) 式へ代入すると次式が得られる．

$$r = \frac{n^2 h^2 \varepsilon_0}{Z\pi e^2 m} \tag{2.12}$$

半径 r は $\frac{h^2 \varepsilon_0}{Z\pi e^2 m}$ の 1 倍，4 倍，9 倍・・・という不連続な値をとることになるので，電子のエネルギー E も不連続な値をとることになり，水素原子の発光スペクトルが不連続になる事実とつじつまが合う．

(2.12) 式に，$n=1$，$Z=1$ を代入したときの半径 r を Bohr 半径と呼び，a_0 で表す．

$$a_0 = \frac{h^2 \varepsilon_0}{\pi m e^2} \approx 5.29 \times 10^{-11} \, \text{m} \tag{2.13}$$

a_0 を使えば半径 r は (2.14) 式で表現できるので，a_0 は長さの原子単位として使われる．

$$r = a_0 \frac{n^2}{Z} \tag{2.14}$$

(2.8) 式へ (2.12) を代入すれば，

$$E = -\frac{1}{n^2} \cdot \frac{Z^2 e^4 m}{8 \varepsilon_0^2 h^2} \tag{2.15}$$

となり，電子のエネルギーは n の値で決まることになる．そして，n は整数であるから，エネルギーは量子化されていることになる．

次に，ある定常状態の軌道（量子数 n_2）から他の定常状態の軌道（量子数 n_1）に電子が移るときに電子が放射または吸収する光の振動数を求めてみよう．(2.10) 式へ (2.15) 式を代入すれば，次式が得られる．

$$h\nu = E_2 - E_1 = \frac{Z^2 e^4 m}{8 \varepsilon_0^2 h^2} \left(\frac{1}{n_1^2} - \frac{1}{n_2^2} \right) \tag{2.16}$$

振動数 ν，波長 λ，光速 c の間には $c = \lambda \nu$ の関係があるので，

$$\tilde{\nu} = \frac{1}{\lambda} = \frac{\nu}{c} = \frac{Z^2 e^4 m}{8\varepsilon_0^2 h^3 c}\left(\frac{1}{n_1^2} - \frac{1}{n_2^2}\right) \tag{2.17}$$

となる．この式はリュードベリ系列の式，(2.3)式と同じ形である．

水素原子では $Z=1$ なので，(2.3)式と(2.17)式の比較から

$$R = \frac{e^4 m}{8\varepsilon_0^2 h^3 c} \approx 1.097 \times 10^7 \, \text{m}^{-1}$$

と計算できる．この値は当時の実験値と極めてよい一致をしている．

こうして，量子という概念を取り入れた**ボーアの原子模型**の登場により，水素原子の発光スペクトルが不連続になること，その振動数を表す式として提案されたリュードベリ系列の式の解明，原子が安定でいられることなど，いままで説明できなかった現象を解決することに成功したのである．

しかし，このモデルでも解決できない現象があることが判明し，新たな理論の登場を待たなければならなかった．

$c = \lambda\nu$ の関係式

　図に示したように時間 T [s] の間に波は λ [m] 進むので，光速 c [m/s] は $c = \lambda/T$ で表される．振動数は単位時間あたりに振動する数であるから，$\nu = 1/T$ であるので，$c = \lambda\nu$ と変形できる．

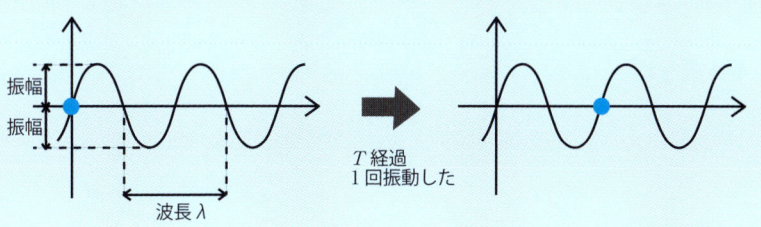

> **コラム** ボーアの水素原子模型の計算をもう少し詳しくやりたい人へ

〈クーロン力とクーロンポテンシャル〉

距離 r 離れた 2 個の電荷 q_1, q_2 [C] 間に働く静電力は

$$F(r) = \frac{1}{4\pi\varepsilon_0} \frac{q_1 q_2}{r^2}$$

である.

q_1, q_2 を無限大の距離から近づけて r にするために必要な仕事（力×変位）を求めよう. 右図のように正電荷どうしの場合, q_2 が q_1 から受けるクーロン力に逆らって仕事をするから, q_2 を動かすのに必要な仕事（クーロンポテンシャル; $V(r)$）は $-\int F(r) dr$ となる. したがって,

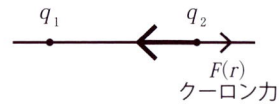

$$V(r) = -\int_\infty^r F(r) dr = \int_r^\infty F(r) dr = \left[-\frac{1}{4\pi\varepsilon_0} \frac{q_1 q_2}{r} \right]_r^\infty = \frac{1}{4\pi\varepsilon_0} \frac{q_1 q_2}{r}$$

となる.

ここで, 原子核と電子は電荷の符号が異なるので, 近づくとポテンシャルエネルギーは低下することがわかる.

〈等速円運動〉

半径 r の円上を質点 P (x, y) が等速で円運動している. 角速度を ω とすると

$x = r\cos(\omega t)$

$y = r\sin(\omega t)$

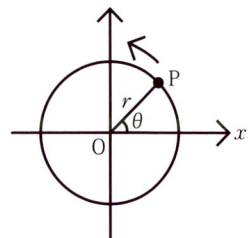

である.

x および y 方向の速度を v_x, v_y とすれば

$$v_x = \frac{\mathrm{d}x}{\mathrm{d}t} = -r\omega\sin(\omega t)$$

$$v_y = \frac{\mathrm{d}y}{\mathrm{d}t} = r\omega\cos(\omega t)$$

と書けるので,

$$v = |\vec{v}| = \sqrt{v_x{}^2 + v_y{}^2} = r\omega$$

となる.

加速度 $\vec{\alpha}$ (加速度は P → O の向きである) については

$$\alpha_x = \frac{\mathrm{d}^2 x}{\mathrm{d}t^2} = -r\omega^2\cos(\omega t)$$

$$\alpha_y = \frac{\mathrm{d}^2 y}{\mathrm{d}t^2} = -r\omega^2\sin(\omega t)$$

$$|\vec{\alpha}| = \sqrt{\alpha_x{}^2 + \alpha_y{}^2} = r\omega^2$$

が成り立つ.

x および y 方向に働く力 f_x, f_y は,

$$f_x = m\frac{\mathrm{d}^2 x}{\mathrm{d}t^2} = -mr\omega^2\cos(\omega t)$$

$$f_y = m\frac{\mathrm{d}^2 y}{\mathrm{d}t^2} = -mr\omega^2\sin(\omega t)$$

$$|\vec{F}| = mr\omega^2$$

である. 円加速度 $\vec{\alpha}$ は,

$$\vec{\alpha} = \frac{\vec{v}_2 - \vec{v}_1}{\Delta t}$$

であるから $\vec{\alpha}$ の向きは $\vec{v}_2 - \vec{v}_1$ の向きとなる.

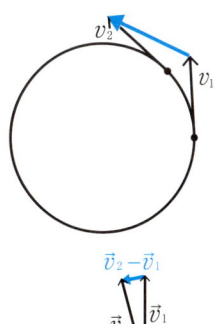

Δt を極限まで小さくしていけば，この向きは円の中心を向くことになる．したがって，運動をさせる力は円の中心 O を向き，その大きさは $mr\omega^2$ である（向心力）．

上で求めた v を代入すれば

$$mr\omega^2 = \frac{mv^2}{r}$$

が得られる．

これらを一電子原子に適用すれば，$q_1 = Ze$，$q_2 = -e$ であるから(2.5)，(2.6)式が得られる．

〈角運動量〉

角運動量＝位置ベクトルと運動量の外積

$$\vec{M} = \vec{r} \times \vec{P}$$

等速円運動では

$$\begin{aligned}|\vec{M}| &= xP_y - yP_x \\ &= r\cos(\omega t) \cdot m[r\omega \cos(\omega t)] - r\sin(\omega t) \cdot m[-r\omega \sin(\omega t)] \\ &= mr^2\omega \\ &= mrv\end{aligned}$$

となる．

2.4　物質の波動性

2.4.1　光は波なのか？　粒子なのか？

さて，アインシュタインの光電効果の理論により，光が粒子としての性質を持つことが示された．1923 年にコンプトンが発見した**コンプトン散乱**も光の粒子性を確定する実験である．一方，光の**干渉**や**回折**は，光の波としての性質

を示す現象である．いったい，光は波なのか粒子なのか，どちらなのだろう．その答えは，"波でもあるし，粒子でもある"．このように光が波動性と粒子性の両方の性質を持つことを"光の**二重性**"と呼ぶ．

> ### コラム　コンプトン散乱
>
> 　1923年にコンプトンが発見した現象で，物質によるX線の散乱現象である．物質にX線を照射すると，散乱されたX線の波長が入射X線より長くなるという現象である．古典論では，入射X線と散乱X線の波長は同じでなければならなかった．しかし，この現象も光を粒子と考えることで説明できる．X線の粒子が物質中の電子にぶつかり，電子を動かし，自分も散乱する．ビリヤードをイメージしてみよう．キュー・ボール（手球）と言われるボールをキュー（棒）で突いてキュー・ボールをオブジェクト・ボール（的球）にあてるわけだが，このとき，キュー・ボールがオブジェクト・ボールに衝突するとキュー・ボールの速度は落ち，止まっていたオブジェクト・ボールは動き出す．これは，キュー・ボールからオブジェクト・ボールにエネルギーが受け渡されるからだ．そして，キュー・ボールの進行方向は変化する．
>
>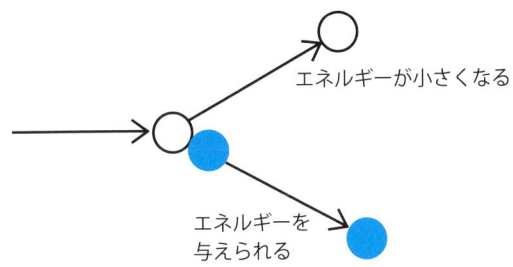
>
> 　同様に，入射X線の粒子は物質の電子にエネルギーを与えるため，その分波長が長く（エネルギーが小さく）なるのである．
> 　式で表すと，

$$L - l = \frac{h}{mc}(1 - \cos\theta)$$

となる.

l：入射 X 線の波長，L：散乱 X 線の波長，
θ：入射方向と散乱方向のなす角度

回折と干渉

回折とは，波が隙間や障害物の背後に回り込む現象である.

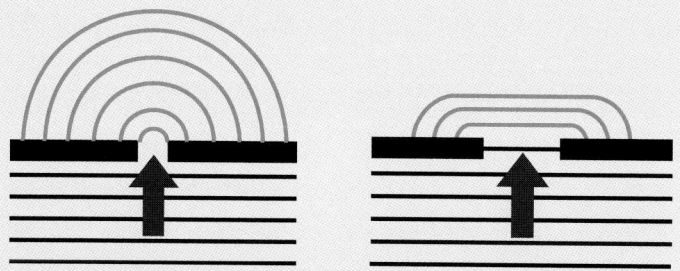

干渉とは，複数の波が重なり合い，新しい波ができる現象である．新しい波の振幅は個々の波の振幅の和となる．簡単に示すと以下のように，強め合ったり，弱め合ったりする．日常生活では，水たまりにできる波紋の様子で観測される．

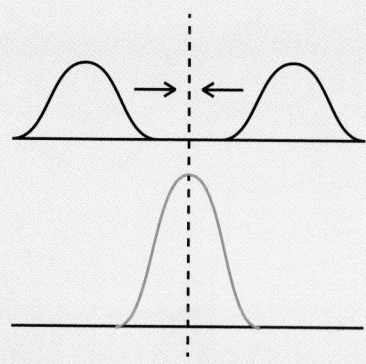

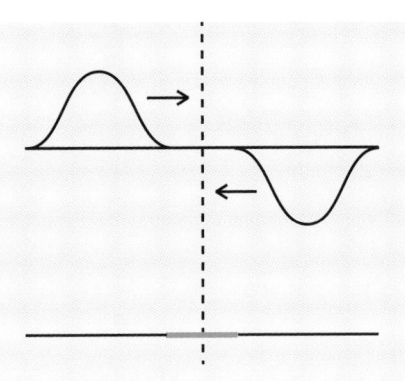

ヤングの実験によって観測される干渉縞は光の回折と干渉によるもので，光が波であることを示す．光源から出た光がシングル・スリットを通ると，回折によって広がり，その後，ダブル・スリットを通って回折した光は，強め合ったり，弱め合ったりして，スクリーン上に明暗の縞模様（干渉縞）をつくるのである．

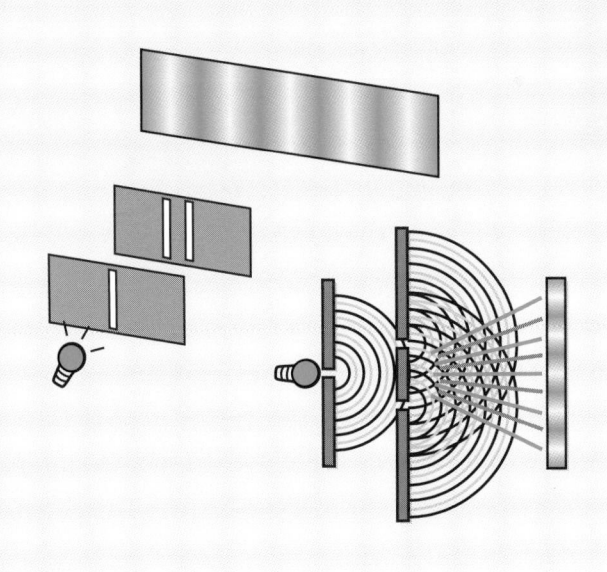

2.4.2 電子も二重性？

 波だと思っていた光が粒子でもあることがわかった．では，逆に，今まで粒子だと思っていた電子も波の性質を持っているのではないだろうか．そう考えたのがド・ブロイ（L. de Broglie）である．1924 年のことである．電子が波動性をもつという事実は，その後，1927 年～ 1928 年，電子線の回折により実証された．ド・ブロイは，電子だけでなくすべての物質が波動性を持つと考えた．これを**物質波**あるいは**ド・ブロイ波**と呼ぶ．その波長は，粒子の質量，速度，運動量をそれぞれ，m，v，p とすれば，次式で与えられる．

$$\lambda = \frac{h}{p} = \frac{h}{mv} \tag{2.18}$$

しかし，実際に計算してみると，日常生活で扱う物質の運動に関しては波長が短すぎて波として観測することができないことがわかる（章末の問題 6）．つまり，粒子を波として扱う必要があるのは，その粒子（の質量）がとてつもなく小さいときだけである．

 ボーアの立てた量子化条件（2.9）式と（2.18）式から

$$2\pi r = n\lambda \tag{2.19}$$

となる．左辺の $2\pi r$ は半径 r の円の円周にほかならない．つまり，ボーアの量子化条件は，電子が原子核のまわりを円運動するときの軌道の円周が電子の波長の整数倍になる（**図 2.8**）ときにド・ブロイ波が**定常波**となることを意味している．

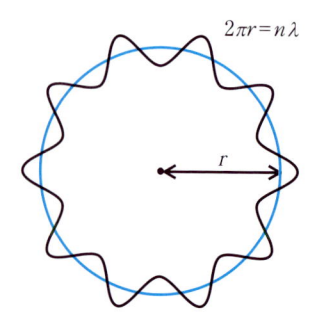

図 2.8 ボーアの原子模型における定常波

> **コラム　電子線回折**
>
> デヴィッソン（C. J. Davisson）とガーマー（L. H. Germer）らはニッケルの結晶を用いた**電子線の回折**を発見，トムソン（G. P. Thomson）は薄い金属箔により散乱された電子線の回折現象を観測した．デヴィッソンとトムソンはこの業績で 1937 年，ノーベル物理学賞を受賞している．G. P. Thomson は J. J. Thomson の息子である．親子で電子の粒子性と波動性をそれぞれ発見したわけだ．

> **ド・ブロイ波の式の誘導**
>
> アインシュタインの相対性理論によれば，$E = mc^2$（E：エネルギー，m：質量，c：光速度）であるので，光子の運動量は $p = mv = mc = E/c$ となる．プランクの量子論 $E = h\nu$ と，$\nu = c/\lambda$ の関係式から，（2.18）式が得られる．
>
> $$p = \frac{E}{c} = \frac{h\nu}{c} = \frac{h}{c} \cdot \frac{c}{\lambda} = \frac{h}{\lambda}$$

2.5　不確定性原理

ボーアの提案した原子模型では，電子は核のまわりを等速円運動していると仮定したが，どのような運動状態なのだろうか．ここで，またしても壁にぶち当たってしまうのである．1927 年，ハイゼンベルク（W. K. Heisenberg）により提出された**不確定性原理**である．この原理によれば，位置の不確定幅 Δx と運動量の不確定幅 Δp の間には

$$\Delta p \Delta x \geq \frac{h}{4\pi} \tag{2.20}$$

の関係がある．

　章末の問題 7 でわかるように，古典力学で扱うある程度の大きさを持った物体では，その運動状態，すなわち，位置と速度を測定することができる．これに対して，"微小な粒子の運動は位置と速度の両方を精密に測定することができない"のである．したがって，原子内において電子がどのように運動しているのか議論することはできないということになる．

> ### コラム　不確定性原理
>
> 　微小な粒子の運動状態を精確に知るためには，その位置と速度（または運動量）を同時に精確に測定しなければならない．位置を精密に測定するためには，短波長の光を使って分解能を上げればよい．しかし，波長が短いということは振動数が大きく，エネルギーが大きいということになる．一方で，光が光子として測定粒子に衝突すると，測定粒子の運動量が変化してしまうので，運動量の測定精度を上げるためには，できるだけエネルギーの小さい光，つまり長波長の光を照射したい．したがって，位置を精確に求めようとすると運動量が精確にならないし，運動量を精確に求めようとすると位置が精確にならないことになってしまうのだ．
>
> 　さて，このハイゼンベルクの不等式に対して，2003 年に小澤正直が量子ゆらぎの補正項を加えた"小澤の不等式"を提唱した．2012 年には長谷川祐司によりそれを証明する実験結果が得られている．
>
> 波長が短ければ，粒子の位置を捉えることはできるが，粒子に衝突するため，粒子の運動が変化してしまう．波長が長ければ，エネルギーが小さいので粒子の運動は変化しないが，粒子の位置を精確に捉えることができない．

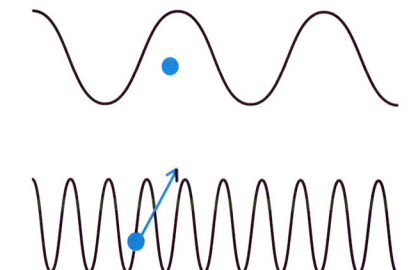

問題

1. 水素の発光スペクトルを得るときに，ガラス管内を真空（あるいは低圧）にするのはなぜか．

2. 波長が，121.50 nm，102.52 nm，97.20 nm の水素原子発光スペクトルが観測された．この次に観測されるスペクトルの波長を求めなさい．また，これは何系列か．

3. 連続の値をとらず，量子化されているものの例を挙げてみよう．

4. (2.12) 式から Bohr 半径を計算しなさい．

5. (2.14) 式から原子番号が大きくなると，軌道半径はどうなるか．また，それはなぜだと考えられるか．

6. 硬式テニスボールの重さは約 60 g である．あるテニス・プレーヤーのサーブの速度が 200 km/h の高速サーブであったとすると，その波長はいくらになるか．また，100 V の電位差で加速された電子の波長を求め，X 線と同程度の波長になることを確認することにより，運動する電子は波として扱う必要があることを示しなさい．ただし，電位差 V で加速された電子が得るエネルギーは eV である．

7. 前問のテニスボールの運動量を求め，位置の精度が可視光の波長程度が限界であるとしたときの運動量の不確定幅は無視できる値であることを確認しなさい．同様に前問の電子についても運動量を求め，10^{-10} m の精度で位置を測定したとき運動量の不確定幅は無視できないことを確認しなさい．

第3章 量子力学の基礎

量子論が導入されると,それまで説明のつかなかった現象が次々と解明された.しかし,一見,すべてを解決したかに見えたボーアの水素原子模型も万能ではなかった.それに加えて,不確定性原理により電子の運動について知ることも不可能になってしまった.そういう中で,電子も光と同様に粒子性と波動性の両方の性質を持つことがわかった.ここでは,電子の波動性を出発点に量子力学の一形式である波動力学の基礎方程式,シュレーディンガー方程式について学ぶ[†4].

3.1 シュレーディンガーの波動方程式

ド・ブロイが"電子は波である"と考えたわけであるが,シュレーディンガー(E. Schrödinger)は"電子が波である"のなら,電子を波として表現する式,**波動方程式**が存在するはずであると考えた.

実際に,波の式から出発して**シュレーディンガーの波動方程式**を導いてみることとする.

一次元の定常波について考えてみよう.定常波とは,波形が進行せずにその場に止まって振動しているように見える波のことである.**図 3.1** のように,両端を固定してピンと張った弦を弾くと定常波ができる.

この一次元の定常波の式を出発点にして,シュレーディンガーの波動方程式

[†4] 同じ頃,ハイゼンベルクによって創始され,ボルン(M. Born)やヨルダン(E. P. Jordan)らの協力により発展した行列力学は,波動力学とは異なる手法によって得られたもので,一見まったく異なるものと見られたが,この二つは同等であることが証明され,両者は統一されて量子力学として発展していくのである.

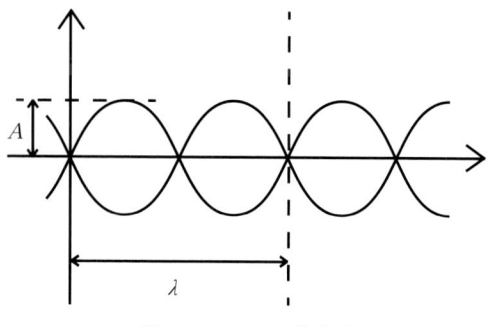

図3.1 　一次元の定常波

を導いてみよう．

任意の点，x における振幅 $\psi(x)$ は，

$$\psi(x) = A\sin 2\pi \left(\frac{x}{\lambda}\right) \tag{3.1}$$

と表せる（物理学で波の学習をしていなくても，この波のカーブを見れば，それが sin 関数で表せることがわかるだろう）．いま，時間のことは無視してこの波について考えてみよう．

(3.1) 式を x で 2 回微分すると，(3.2) 式が得られる．(3.1) 式から〰〰部は $\psi(x)$ である．

$$\frac{d^2\psi(x)}{dx^2} = -\frac{4\pi^2}{\lambda^2}\underbrace{\left(A\sin 2\pi \frac{x}{\lambda}\right)}_{\psi(x)} \tag{3.2}$$

ここで，波長は (2.18) 式で表されるので，

$$\lambda = \frac{h}{p} \tag{3.3}$$

であるから，

(3.3) 式を (3.2) 式へ代入すると，

$$\frac{\mathrm{d}^2\psi(x)}{\mathrm{d}x^2} = -\left(\frac{2\pi}{h}\right)^2 p^2 \psi(x) \tag{3.4}$$

となる.

(3.4) 式の両辺に $\left(-\dfrac{1}{2m}\right)\left(\dfrac{h}{2\pi}\right)^2$ をかけると,

$$-\frac{1}{2m}\left(\frac{h}{2\pi}\right)^2 \frac{\mathrm{d}^2\psi(x)}{\mathrm{d}x^2} = \frac{p^2}{2m}\psi(x) \tag{3.5}$$

となる.

ところで, 電子の全エネルギー E は, 運動エネルギー $\dfrac{1}{2}mv^2$ と位置エネルギー $V(x)$ の和で表されるから,

$$E = \frac{1}{2}mv^2 + V(x) \tag{3.6}$$

が成り立つ.

ここで, $p = mv$ であるから, (3.6) 式は

$$E = \frac{1}{2}\frac{p^2}{m} + V(x)$$

となり,

$$\frac{p^2}{2m} = E - V(x) \tag{3.7}$$

が得られる.

(3.7) 式の両辺に $\psi(x)$ をかけると,

$$\frac{p^2}{2m}\psi(x) = E\psi(x) - V(x)\psi(x) \tag{3.8}$$

となるから, (3.5), (3.8) 式より,

$$\left[-\frac{1}{2m}\left(\frac{h}{2\pi}\right)^2\frac{d^2}{dx^2}+V(x)\right]\psi(x)=E\psi(x) \tag{3.9}$$

が得られる．これは波の式 (3.1) 式から出発した式であるから，波を表す式である．これを一次元の波動方程式という．

この式を，3次元に拡張すれば，ψ は x, y, z の関数となるので，

$$\left[-\frac{1}{2m}\left(\frac{h}{2\pi}\right)^2\left\{\frac{\partial^2}{\partial x^2}+\frac{\partial^2}{\partial y^2}+\frac{\partial^2}{\partial z^2}\right\}+V(x,y,z)\right]\psi(x,y,z)=E\psi(x,y,z) \tag{3.10}$$

となる．これがシュレーディンガーの波動方程式である．

さて，次式のように

$$\hbar \equiv \frac{h}{2\pi} \tag{3.11}$$

を定義すると，シュレーディンガーの波動方程式は

$$\left[-\frac{\hbar^2}{2m}\left\{\frac{\partial^2}{\partial x^2}+\frac{\partial^2}{\partial y^2}+\frac{\partial^2}{\partial z^2}\right\}+V(x,y,z)\right]\psi(x,y,z)=E\psi(x,y,z) \tag{3.12}$$

と書くことができる．

さらに，

$$\hat{H} \equiv -\frac{\hbar^2}{2m}\left\{\frac{\partial^2}{\partial x^2}+\frac{\partial^2}{\partial y^2}+\frac{\partial^2}{\partial z^2}\right\}+V(x,y,z) \tag{3.13}$$

とすると，シュレーディンガーの波動方程式は

$$\hat{H}\psi(x,y,z)=E\psi(x,y,z) \tag{3.14}$$

と書ける．

ここで，$\hat{H}$ を**ハミルトニアン**，あるいは**ハミルトン演算子**と呼ぶ．

つまり，演算子 $\hat{H}$ を波動関数 ψ に作用させると，元の関数 ψ に E をかけ

たものになる．ここで，E は**固有値**であり，ψ は**固有関数**である[†5]．E が固有値であり，ψ が固有関数であることは 3.3 節「箱の中の粒子」で具体的に計算して確認する．

3.2 ボルンの解釈

電子を波の式で表現することができたが，不確定性原理により電子の運動を精確に知ることはできないわけである．それでは，電子を式で表現できたところで何がわかるのだろうか．シュレーディンガーはすべてを波で説明しようとしたが，ボルン（M. Born）は電子が波でもあり，粒子でもあることに着目し，波動関数 ψ の二乗 ψ^2 が電子の存在する確率密度であると解釈した[†6]．これを**ボルンの解釈**という．電子同様に，波でもあり，粒子でもある光において，光を波と考えた場合，その明るさ（強度）は振幅の二乗に比例する．一方，光を粒子（光子）とみなせば，明るさは光子の空間密度とみなすことができるからだ．

$\psi^2(x, y, z)$：座標 (x, y, z) における電子の存在の確率密度

したがって，微小体積 $dv = dxdydz$ 中に電子を見いだす確率は，

$$\psi^2(x, y, z)dv (= \psi^2(x, y, z)dxdydz)$$

である．

電子はどこかに必ず存在するので，これを全空間にわたって積分すれば確率は 1 となるはずであり，(3.15) 式が成り立つ．

[†5] E はどんな値でもとることができるのではなく，特定の値しか方程式を満足することができない．そして，ψ も特定の値の E に対応して特定の関数 ψ が求まる．このような E を固有値，ψ を固有関数という．

[†6] 実際には，シュレーディンガー方程式は（波動も）実関数ではなく，複素関数で表すので，正しくは共役複素関数 ψ^* を用いて，電子の存在の確率密度は
$\psi(x, y, z)\ \psi^*(x, y, z) = |\psi(x, y, z)|^2$
と表す必要があるが，本書では簡単のため，波動関数として実関数を使用する．

$$\int_{-\infty}^{+\infty} \psi^2(x,y,z) \mathrm{d}v = \int_{-\infty}^{+\infty}\int_{-\infty}^{+\infty}\int_{-\infty}^{+\infty} \psi^2(x,y,z) \mathrm{d}x\mathrm{d}y\mathrm{d}z = 1 \tag{3.15}$$

これを波動関数の**規格化条件**という．

3.3 箱の中の粒子

　最も簡単な例として，一次元の箱に閉じ込められた粒子について実際にシュレーディンガーの方程式を解いて，この粒子が量子化されていること，そのエネルギーに対応する波動関数が存在すること（E が固有値であり，ψ が固有関数であること）を理解しよう．

　いま，長さ L の線分の中に粒子が閉じ込められていることを考える．これを一次元の箱の中の粒子という．この線分を x 軸とすれば，図 3.2 のように，粒子のポテンシャルエネルギー $V(x)$ は箱の外では無限大になる（粒子は外に出ることはできないため）．箱の中では一定の値をとるわけだが，基準は任意に選べるので，便宜上 0 としよう．式で表せば，

$$\begin{aligned}V(x)&=0 \quad \text{（線分上）}\\ V(x)&=\infty \quad \text{（それ以外）}\end{aligned} \tag{3.16}$$

となる．

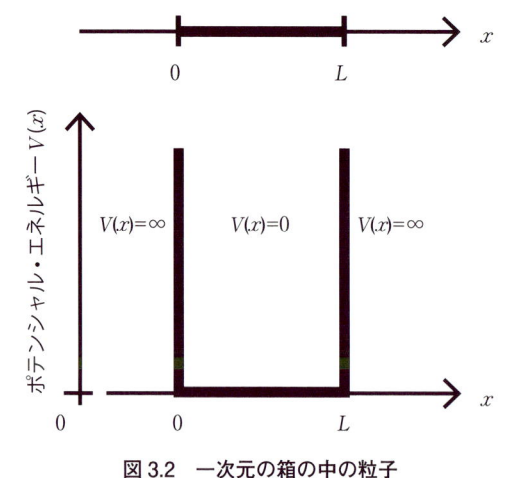

図 3.2　一次元の箱の中の粒子

$0 < x < L$ におけるシュレーディンガー方程式は，(3.12) 式に $V = 0$ を代入し，一次元に適用すれば，

$$-\frac{\hbar^2}{2m}\frac{d^2}{dx^2}\psi(x) = E\psi(x) \tag{3.17}$$

と書ける．$\psi(x)$ は x について 2 回微分すると元に戻る関数である．このような関数として考えられる三角関数 $\sin(ax)$ や $\cos(ax)$ はこの式を満たすので，(3.17) の一般解として，

$$\psi(x) = A\sin(ax) + B\cos(ax) \tag{3.18}$$

と仮定できる．ここで，A，B は任意の定数である．箱の外に粒子が出ることはできない（存在確率が 0 である）ので，

$$\begin{array}{ll} x \leq 0 \text{ において} & \psi(x) = 0 \\ x \geq L \text{ において} & \psi(x) = 0 \end{array} \tag{3.19}$$

が成立するから，境界条件より，$x = 0$ のとき，(3.18) 式は

$$\psi(0) = B = 0 \tag{3.20}$$

$$\therefore \psi(x) = A\sin(ax) \tag{3.21}$$

$x = L$ のとき，(3.21) 式に $x = L$ を代入し，境界条件より次式が得られる．

$$\psi(L) = A\sin(aL) = 0 \tag{3.22}$$

(3.22) 式を満たす条件として $A = 0$ または $\sin(aL) = 0$ が考えられる．$A = 0$ を代入すれば，(3.21) 式から $\psi(x) = 0$ となり，$\psi^2(x) = 0$ であるから粒子はどこにも存在しないことになってしまう．したがって，$A \neq 0$ である．

$$\therefore \sin(aL) = 0 \tag{3.23}$$

(3.23) 式より

$$aL = n\pi \quad (n = 0, \pm 1, \pm 2, \pm 3 \cdots)$$

ここで，$n=0$ のとき，$aL=0$ となるが，$L>0$ であるから $a=0$ である．すると，(3.21) 式で $\psi(x)=0$ となってしまうので，$n \neq 0$ である．したがって，

$$a = \frac{n\pi}{L} \quad (n = \pm 1, \pm 2, \pm 3 \cdots)$$

であるが，

$$\sin\left(\frac{\pi}{L}x\right) = -\sin\left(-\frac{\pi}{L}x\right)$$

であるので，$n=1, 2, 3\cdots$ でよい．なぜなら，ψ と $-\psi$ の二乗はどちらも ψ^2 となり，物理的意味は同じであるからだ．

したがって，

$$\psi(x) = A \sin\left(\frac{n\pi x}{L}\right) \quad (n = 1, 2, 3 \cdots) \tag{3.24}$$

となる．ここでも，規格化条件 (3.15) 式が成り立つはずなので，

$$\int_{-\infty}^{\infty} \psi(x)^2 dx = A^2 \int_0^L \sin^2\left(\frac{n\pi x}{L}\right) dx = 1 \tag{3.25}$$

となる．

$$\int_0^L \sin^2\left(\frac{n\pi x}{L}\right) dx = \frac{1}{2}\int_0^L \left\{1 - \cos\left(\frac{2n\pi}{L}x\right)\right\} dx = \frac{L}{2}$$

であるので，

$$A = \sqrt{\frac{2}{L}}$$

となる（$A = -\sqrt{\frac{2}{L}}$ としても ψ の符号が変わるだけなので，$\sqrt{\frac{2}{L}}$ だけとればよい）．

したがって，

$$\psi(x) = \sqrt{\frac{2}{L}} \sin\left(\frac{n\pi}{L}x\right) \quad (0 < x < L)$$

$$\psi(x) = 0 \quad (x \leq 0, \quad x \geq L)$$

(3.26)

となる．

この n を**量子数**と呼ぶ．

(3.26) 式を (3.17) 式へ代入すると，

$$E = \frac{\hbar^2 n^2 \pi^2}{2mL^2} = \frac{n^2 h^2}{8mL^2} \quad (n = 1, 2, 3\cdots) \tag{3.27}$$

となり，エネルギー E はとびとびの値をとり，量子化されていることがわかる．(3.26) 式で表される波動関数 $\psi(x)$ と (3.27) 式で表されるエネルギー E は，量子数 n に依存し，図 3.3 のように表すことができ，それらが固有関数と固有値であることもわかる．

(3.27) 式より，最低エネルギーは $n=1$ のときで，0 にはならないことがわかる．このエネルギーを**零点エネルギー**と呼ぶ．

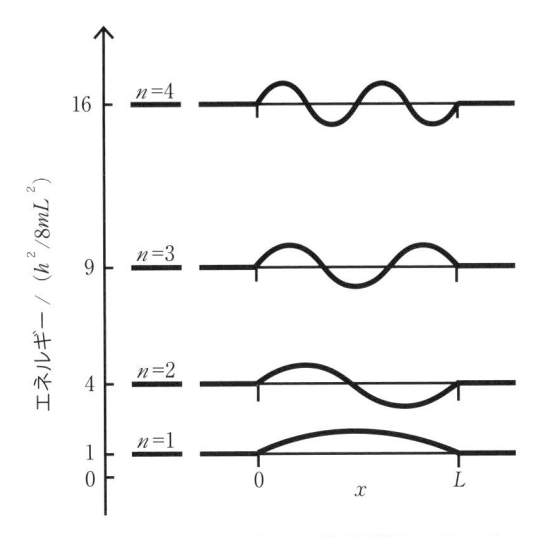

図 3.3 一次元の箱の中の粒子の波動関数とエネルギー

> **コラム** 零点エネルギー

古典論の場合と異なり，量子論では最低エネルギーの状態でもエネルギーが 0 ではない．これは，不確定性原理によるものである．位置エネルギーが最小となる位置 O があっても，不確定性原理のために位置 O に静止した状態ではなく，振動しているのである．(3.27) 式を見るとわかるように，質量 m が大きくなればエネルギー E は 0 に近づく．粒子が大きくなれば，古典論で考えられる粒子のふるまいに近づいていくということだ．

問題

1. 一次元の箱の中の粒子のエネルギーは (3.27) 式で表される．このことから，1 次元の箱の中の粒子の物質波が定常波となるときには，箱の長さと波長の間にどのような関係があるか求めなさい．

2. 長さ L の一次元の箱の中に閉じ込められた 1 個の電子が $n=1$ から $n=2$ の状態へ遷移するときに必要な光の波長が 600 nm であったとする．このときの箱の長さを求めなさい．

3. 長さ L の一次元の箱の中の電子について，$n=1$ および $n=2$ における電子密度の最大値とそのときの x を求めなさい．

4. 長さ L の一次元の箱の中の粒子が $n=2$ の状態にあるとき，$0 \sim L/8$ の間に粒子が見いだされる確率を求めなさい．

第4章 原子軌道と原子の電子構造

シュレーディンガー方程式により電子を波の式で表し,電子密度について議論できることがわかった.原子の中で一番簡単な水素原子および水素類似原子に波動方程式を適用してみよう.

4.1 水素類似原子の波動関数

水素原子は原子核と1個の電子から成る最も簡単な原子である.同様に,He^+,Li^{2+}なども原子核と1個の電子から成るものなので,これらを"**水素類似原子**"という.

ボーアの水素原子模型と同様に,水素類似原子の原子核は質量が電子に比べて極めて大きいので,静止しているものとみなせる.そこで,原子核の重心を原点にとり,電子の位置を (x, y, z) としよう.ところで,シュレーディンガー方程式を解くときには極座標系に変換すると都合がよい.図4.1より明らかなように,直交座標系から極座標系に変換するとき,(4.1)式が成り立つ.

$$x = r\sin\theta\cos\varphi$$
$$y = r\sin\theta\sin\varphi \tag{4.1}$$
$$z = r\cos\theta$$

シュレーディンガー方程式 (4.2) 式を極座標 (r, θ, φ) 変換すると,(4.3) 式で表される.

$$\hat{H}\psi(x, y, z) = E\psi(x, y, z) \tag{4.2}$$

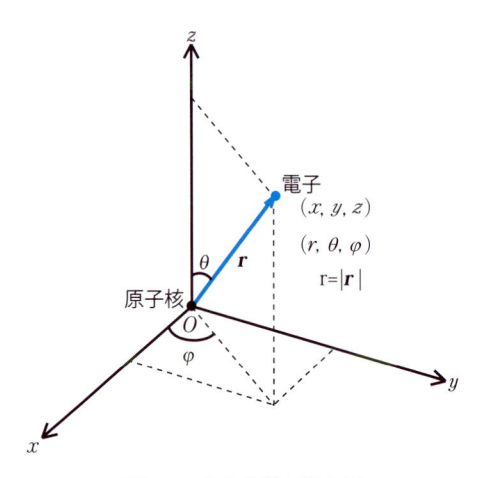

図 4.1　直交座標と極座標

$$\hat{H}\psi(r, \theta, \varphi) = E\psi(r, \theta, \varphi) \tag{4.3}$$

このように変換するとシュレーディンガー方程式を解くことができ，厳密な解が得られる．解けると言っても，その解法は複雑なので，ここでは結果だけを示す．

$$\psi(r, \theta, \varphi) = R_{n,l}(r) \cdot \Theta_{l,m_l}(\theta) \cdot \Phi_{m_l}(\varphi) \tag{4.4}$$

$$Y_{l,m_l}(\theta, \varphi) \equiv \Theta_{l,m_l}(\theta) \cdot \Phi_{m_l}(\varphi) \tag{4.5}$$

波動関数 $\psi(r, \theta, \varphi)$ は r のみの関数 $R(r)$，θ のみの関数 $\Theta(\theta)$，φ のみの関数 $\Phi(\varphi)$ の積という非常にすっきりとした形で表すことができる．ここで，関数 $R(r)$ を**動径波動関数**といい，(4.5) 式で表される関数 $\Theta(\theta)$ と関数 $\Phi(\varphi)$ の積，$Y(\theta, \varphi)$ を**球面調和関数**という．また，l，m_l は n と同じく量子数である．いくつかの具体的な関数の形を表 4.1 と 4.2 に，動径波動関数のグラフを図 4.2 に示す．

表 4.1　水素類似原子の動径波動関数

軌道	n	l	$R_{n,l}$
1s	1	0	$2\left(\dfrac{Z}{a_0}\right)^{3/2}\exp(-\rho/2)$
2s	2	0	$\dfrac{1}{2\sqrt{2}}\left(\dfrac{Z}{a_0}\right)^{3/2}(2-\rho)\exp(-\rho/2)$
2p	2	1	$\dfrac{1}{2\sqrt{6}}\left(\dfrac{Z}{a_0}\right)^{3/2}\rho\exp(-\rho/2)$
3s	3	0	$\dfrac{1}{9\sqrt{3}}\left(\dfrac{Z}{a_0}\right)^{3/2}(6-6\rho+\rho^2)\exp(-\rho/2)$
3p	3	1	$\dfrac{1}{9\sqrt{6}}\left(\dfrac{Z}{a_0}\right)^{3/2}(4-\rho)\rho\exp(-\rho/2)$
3d	3	2	$\dfrac{1}{9\sqrt{30}}\left(\dfrac{Z}{a_0}\right)^{3/2}\rho^2\exp(-\rho/2)$

$\rho = 2Zr/(na_0)$

表 4.2　水素類似原子の球面調和関数

l	m_l	Y_{l,m_l}
0	0	$\left(\dfrac{1}{4\pi}\right)^{1/2}$
1	0	$\left(\dfrac{3}{4\pi}\right)^{1/2}\cos\theta$
	± 1	$\left(\dfrac{3}{8\pi}\right)^{1/2}\sin\theta\exp(\pm i\varphi)$
2	0	$\left(\dfrac{5}{16\pi}\right)^{1/2}(3\cos^2\theta-1)$
	± 1	$\left(\dfrac{15}{8\pi}\right)^{1/2}\sin\theta\cos\theta\exp(\pm i\varphi)$
	± 2	$\left(\dfrac{15}{32\pi}\right)^{1/2}\sin^2\theta\exp(\pm 2i\varphi)$

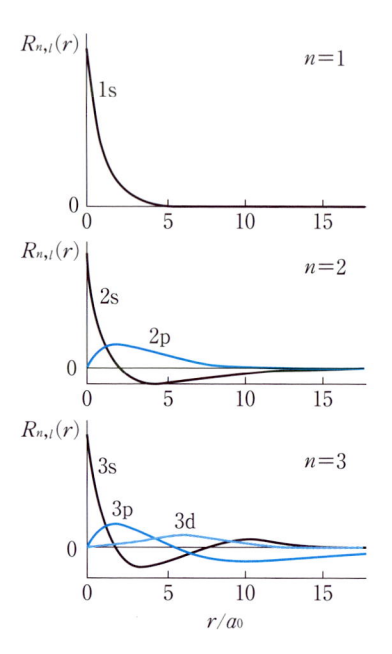

図 4.2 水素類似原子の動径波動関数

4.2 量子数

n を**主量子数**，l を**方位量子数**，m_l を**磁気量子数**と呼ぶ．これらの量子数は以下に示す関係を満たす整数値しか取ることができない．

$$n = 1, 2, 3, 4, \cdots$$
$$l = 0, 1, 2, 3, \cdots, n-1 \tag{4.6}$$
$$m_l = 0, \pm 1, \pm 2, \pm 3, \cdots, \pm l$$

波動関数はこれらの 3 種の量子数の組み合わせで規定される．この波動関数のことを**軌道関数**または**軌道**，**オービタル**と呼ぶ．また，いま，対象としているのは原子なので，**原子軌道関数**または**原子軌道**（atomic orbital, **AO**）という．

なお，波動方程式から電子のエネルギーも計算できるが，これは，ボーアの原子模型で求めた (2.15) 式と一致するのである．

さて，3種類の量子数はそれぞれ以下に示すものと深く関連する．

- n　軌道の空間的な広がりの大きさとエネルギー準位
- l　軌道の形
- m_l　軌道の空間的な配向

同じ主量子数を持つ軌道がいくつか考えられるが，これをひとまとめにして殻と呼び，nの値に対応して以下の記号を用いる．

n	1	2	3	4	5	・・・
電子殻の記号	K	L	M	N	O	・・・

これが高校で習った殻である．
方位量子数lの各値に対して以下の記号を用いる．

l	0	1	2	3	・・・
記号	s	p	d	f	・・・

原子軌道の名前は，主量子数の数字と方位量子数の記号で表現する．つまり，$n=1$，$l=0$の軌道を1s軌道と表す．ψ_{1s}あるいは，n, l, m_lを添え字で表し，$\psi_{1,0,0}$と表す方法もある．$n=2$，$l=1$の軌道は2p軌道である．磁気量子数m_lは式 (4.6) の範囲であるから，1個のlに対して $(2l+1)$ 個のm_lが存在する．1s軌道は1個しかないが，2p軌道には$m_l = -1$, 0, $+1$の3個の状態があるわけである．この3個の状態のエネルギーは等しく，このような状態を**縮重**または**縮退**しているという．2p軌道では，3個の状態が縮重しているので，三重に縮重しているという．

量子数と軌道の名前をまとめると，**表4.3**のようになる．

いままで，3種類の量子数をみてきたが，実はもう1種類の量子数が存在する．**スピン磁気量子数**と呼ばれるもので，m_sで表す．これは，以下の2個の値しかとらない．

表 4.3　量子数と軌道

n	電子殻	l	軌道	m_l	軌道の数
1	K	0	1s	0	1
2	L	0	2s	0	1
		1	2p	−1, 0, 1	3
3	M	0	3s	0	1
		1	3p	−1, 0, 1	3
		2	3d	−2, −1, 0, 1, 2	5
4	N	0	4s	0	1
		1	4p	−1, 0, 1	3
		2	4d	−2, −1, 0, 1, 2	5
		3	4f	−3, −2, −1, 0, 1, 2, 3	7

$$m_s = \frac{1}{2}, -\frac{1}{2}$$

m_s の値が 1/2 の場合を α スピン，アップスピン，上向きスピンといい，↑ で表し，m_s の値が −1/2 の場合を β スピン，ダウンスピン，下向きスピンといい，↓ で表す．

コラム　ナトリウム原子の D 線の二重線

　ナトリウム原子の発光スペクトル（D 線という）は非常に接近した 2 本の線スペクトル（589.0，589.6 nm）に分裂している．これは，もともと 3s 軌道にあった電子がエネルギーを得て高いエネルギー準位の 3p 軌道に遷移し，その電子が再び安定な 3s 軌道に遷移するときに放出する光によるものである．3p 軌道は三重に縮重しているが，3 本ではなくて 2 本に分裂するという実験事実は，ほかの何らかの状態があることを示唆している．この 3p 軌道が右図のようにわずかに違う 2 個のエネルギー準位からなると考えれば，説明がつく．この 2 個のエネルギー準位を生じさせるのに必要なのが，第 4

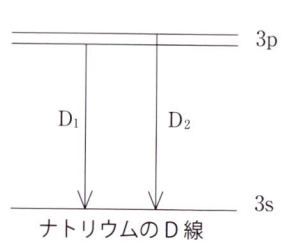

ナトリウムの D 線

の量子数であるスピン磁気量子数 m_s なのである．ほかにも，第4の量子数を導入することで解釈できた実験事実がある．シュテルン（O. Stern）とゲルラッハ（W. Gerlach）による実験で，銀原子のビームを磁場勾配のある磁極間に入射させると，ビームが入射ビームから等しい距離だけ離れた2本のビームに分裂するという実験である．これは，銀原子が磁石のような性質を持つということであり，これを説明するには，電子に固有の角運動量（スピン角運動量）があると考えなければならない．このスピン角運動量は，相対論的量子力学により導出することができる．

すでに議論してきたように，電子の運動について議論することはナンセンスであり，公転や自転をしているわけではないが，以下のように考えると，イメージしやすい．l や m_l は電子の軌道運動（原子核を中心にした電子の軌道運動）に起因する量子数である．電子の軌道運動で生じる磁場と電子自身の自転による磁場の相互作用を考え，自転が右回りか左回りかによって2個のわずかに異なるエネルギー状態が得られると考えると二重線の現象を理解することができる．つまり，スピン磁気量子数 m_s は電子の自転による角運動量に起因するものと考えることができる．しかし，これは厳密には正しくないので，あくまでもイメージとして捉えてほしい．

4.3 原子軌道の形

表 4.1, 4.2 を見ればわかるように，s 軌道の波動関数は r のみの実関数である．つまり，原点（原子核）を中心とした球対称な分布となる．すべての r に対して，関数の値の符号は常に同じである．したがって，1s 軌道を図で表現すると，図 4.3 のようになる．

p 軌道や d 軌道は角度変数を含むので，形が複雑になる．図 4.3 に波動関数の角度部分を描いた．p 軌道は三重に縮重した軌道であるが，それぞれ p_x, p_y, p_z 軌道と呼び，x, y, z 軸に沿ってのびた軸対称の軌道である．形と大きさは同じで，方向だけが異なる．また，軸の正方向と負方向では，関数の符号が逆になる．$x = 0$, $y = 0$, $z = 0$ の各面は波動関数の値が 0 となる**節平面**（波の**節**に相当）となっている．d 軌道はもっと複雑であり，5個のうち，4個は形

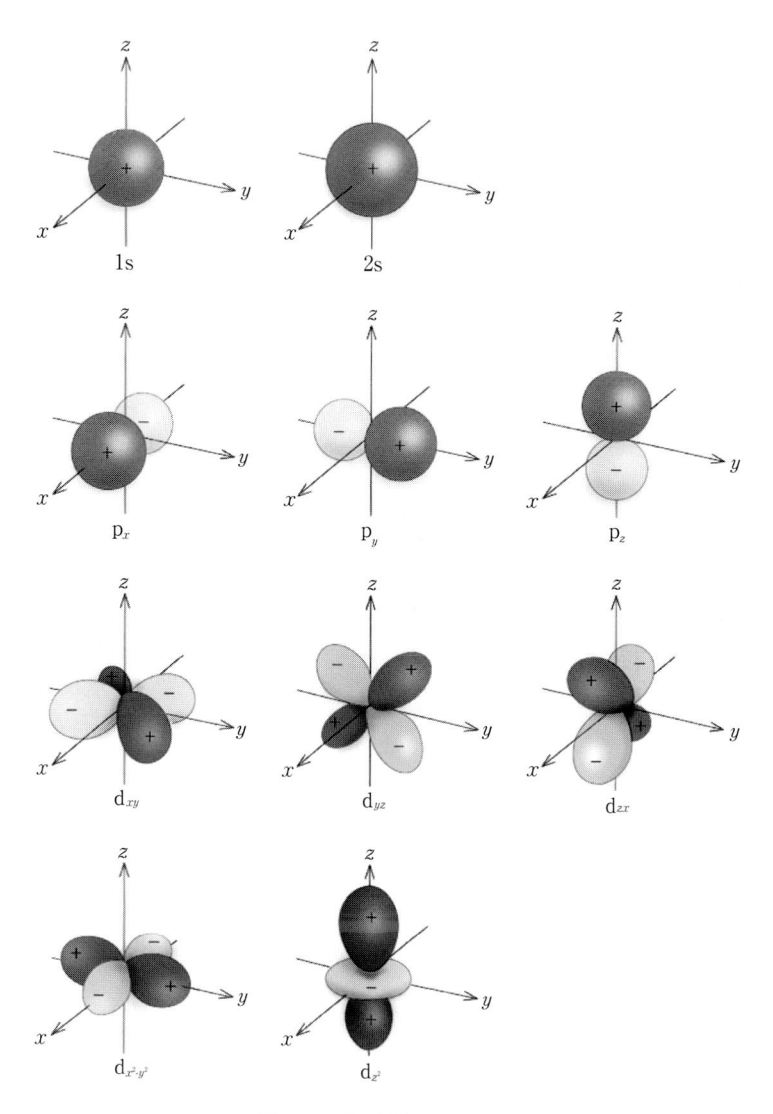

図4.3　原子軌道の角度部分

と大きさは同じで，方向が異なるだけである．

　もう少し，詳しくみてみよう．表4.1, 4.2および図4.2を見ればわかるように，ψ_{1s}は$r = 0$において最大となり，rが増大すると指数関数的に減少するが，r

= ∞でも 0 にはならない．すでに学んだように，波動関数の値には物理的な意味がない．その二乗が電子の存在確率密度（電子密度）に対応するのであった．したがって，電子密度は $r = 0$，原子核の位置で最大になる．しかし，原子核の位置で電子が最もよく見いだされるということではない．$r = 0$ は一点でしかないが，原子核から距離 r だけ離れた点は多数存在するからである．これを考慮し，原子核から距離 r の球面上における電子密度を知ることも重要である．電子が原子核から距離 r と $r + \mathrm{d}r$ の間にある確率は，**図 4.4** の 2 個の球に囲まれる球殻の体積 $4\pi r^2 \mathrm{d}r$ に ψ^2 をかけたものとなる．そこで，(4.7) 式のように**動径分布関数** $D(r)$ を定義する．水素原子の動径分布関数は**図 4.5** のようになり，ボーア半径 a_0 付近に 1s 電子のいる確率が高いことがわかる（章末の問題 4.5）．

$$D(r)\mathrm{d}r = 4\pi r^2 \psi^2 \mathrm{d}r \tag{4.7}$$

図 4.3 には各軌道の角度部分の形を示したが，電子密度も反映させて軌道を表現する方法もある．その一つは**図 4.6**（a）のように，電子密度の高いところに点を多く打つ方法である．これを**電子雲**と呼ぶ．図 4.6（d）のように，存在確率の大部分（例えば 90％）が含まれる等値球面を円で表現する方法もある．また，図 4.5 を見ればわかるように，主量子数が大きくなると，空間的な広がりが大きくなっていくこともわかる．さらに，1s 軌道では，電子の存在確率が 0 になるところがないが，2s 軌道，3s 軌道では電子の存在確率が 0 になる

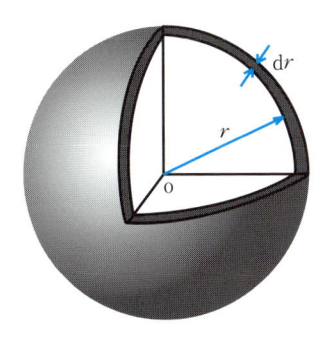

図 4.4　2 つの球に囲まれる球殻

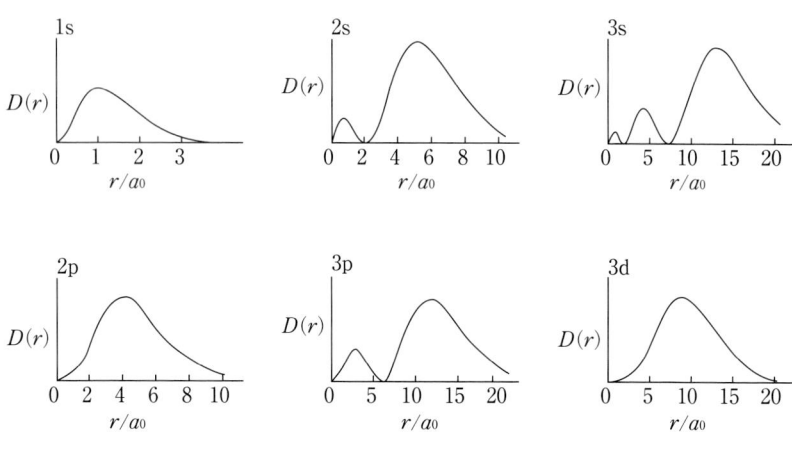

図 4.5　水素原子の動径分布関数

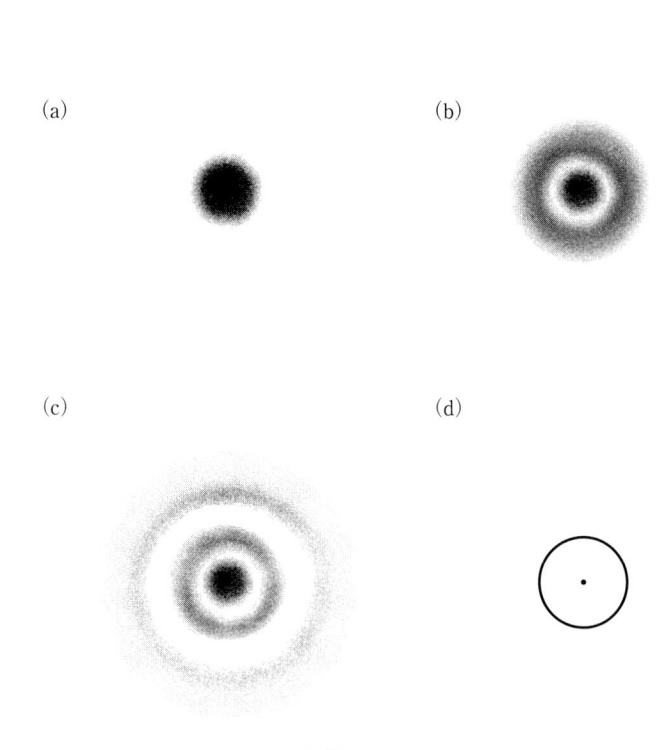

図 4.6　軌道関数の表示法

ところがあることがわかる．これを**節球面**という．このように，主量子数の増加に伴う軌道の空間的な広がりを表現すると，2s 軌道，3s 軌道はそれぞれ図 4.6 (b)，(c) のようになる．しかし，簡略化して図 4.6 (d) のように，単一の球面や円で表記することが多い．

4.4 原子の基底電子配置

4.4.1 構成原理

　水素原子以外の原子は，電子を複数持っている．この電子はどのように原子軌道に配置されているのだろうか．エネルギー的に最も安定な電子配置を**基底電子配置**という．ここでは，いろいろな原子の基底電子配置を考えよう．

　電子が 2 個以上になると，シュレーディンガー方程式は近似的にしか解けないが，水素類似原子の場合と同様に 3 種類の量子数で原子軌道が規定される．第 4 の量子数が加わるので，一つの電子は 4 種類の量子数で規定されることになる．逆に言えば，原子内の電子は，4 種類の量子数（n, l, m_l, m_s）で規定される一つの状態にただ 1 個しか存在できないのである．これを，**パウリ**（W. Pauli）**の排他原理**という．別の言い方をすれば，n, l, m_l によって決まる一つの軌道には，電子は 2 個までしか入ることができず，電子が 2 個入るときには互いにスピンを反平行にしているのである．

　電子はエネルギー的に安定な軌道から詰まっていく．多電子原子の原子軌道のエネルギー準位は**図 4.7** のようになっており，矢印で示した順序で電子が詰まっていく．

　さて，2p 軌道のように，等価な軌道が複数個存在する場合には，どのように電子が詰まっていくのだろうか．このような軌道では，可能な限り異なる軌道に，スピンを平行にして入っていく．これは経験則であり，**フント**（F. Hund）**の規則**と呼ばれる．

　以上の規則を，まとめて**構成原理**と呼ぶ．

原子の基底電子配置を決定する構成原理

①パウリの排他原理

　原子内の電子は、4種類の量子数（n, l, m_l, m_s）で規定される一つの状態に、ただ1個しか存在できない．

　n, l, m_l によって決まる一つの軌道には、電子は2個までしか入らない．電子が2個入るときには互いにスピンを反平行にしている．

②多電子原子の原子軌道のエネルギー準位

　図4.7の順に詰まっていく．

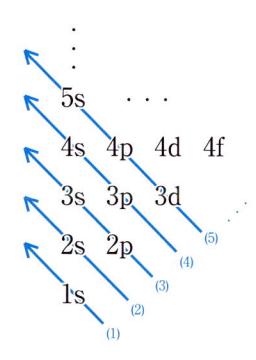

```
           ⋮
        ↗ 5s  ⋯
      ↗ 4s  4p  4d  4f
    ↗ 3s  3p  3d
  ↗ 2s  2p       (5)
  1s           (4)
         (3)
      (2)
  (1)
```

図4.7　多電子原子の原子軌道のエネルギー準位と充填順序

③フントの規則

　等価な軌道が複数個存在する場合、電子は、可能な限り異なる軌道に、スピンを平行にして入っていく．

構成原理に従って，実際に炭素原子について見てみよう．炭素原子は原子番号が6である．したがって，6個の電子を詰めていく．まず，一番安定な1s軌道に2個の電子がスピンを反平行にして入る．次に，2s軌道に2個の電子がスピンを反平行にして入る．残りの電子は2個である．次に安定な軌道は2p軌道であり，これは三重に縮重した等価な軌道であるから，フントの規則に従い，異なる軌道にスピンを平行にして入る．つまり，**図4.8**に示す電子配置になる．原子番号が8の酸素原子では電子が8個なので，炭素原子と同様に1s，2s軌道に電子が2個ずつ入る．残りの電子は4個である．やはり，フントの規則に従って，3個めまでは2p軌道にスピンを平行にして入っていく．4個目はスピンを反平行にして入り，図4.8に示す電子配置になる．図4.8のように，スピンを考慮して描く方法以外に炭素原子，酸素原子の基底電子配置を例にとれば，それぞれ $(1s)^2(2s)^2(2p)^2$，$(1s)^2(2s)^2(2p)^4$ のように表現する方法もある．

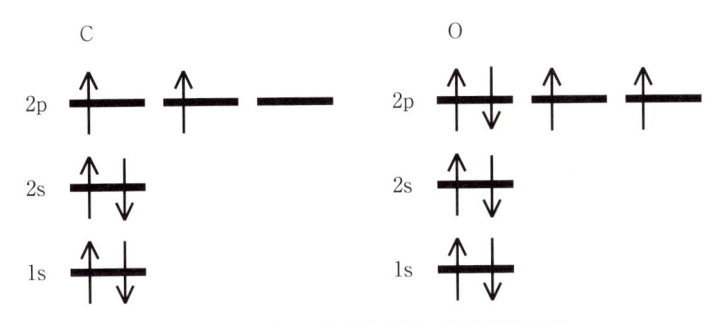

図4.8　炭素原子と酸素原子の基底電子配置

4.4.2　遮蔽効果

ところで，図4.8を見て，疑問が生じなかっただろうか．4.2節で波動方程式から電子のエネルギーを求めると，ボーアの理論から求めた (2.15) 式と一致することを述べた．この式を見ればわかるように，電子のエネルギーは主量子数 n に依存し，n の値が同じであれば同じエネルギー値となる．しかし，図4.8では，例えば，同じ主量子数 $n = 2$ である2s軌道と2p軌道は同じエネルギー準位となっていない．これは，軌道によって，内側の電子雲による**遮蔽効**

果に違いがあるためである．

　水素原子では，2s軌道と2p軌道は同じエネルギー準位にあり，縮退しているのだが，多電子原子では，2s軌道と2p軌道にエネルギー差があるのだ．例えば，リチウム原子を考えてみよう．1s電子は主量子数 $n = 2$ の電子に比べて，原子核の近くに存在する確率が高い．そのため，原子核の正電荷を2個の1s電子が効果的に遮蔽する．つまり，外側の電子に対する原子核からの引力が弱められる．これを，内殻電子の遮蔽効果という．図4.2や4.3から明らかなように，原子核の位置で波動関数の値が0になる2p電子より，2s電子のほうが原子核に近づきやすいため，2s軌道のほうが2p軌道よりエネルギー準位が低くなるのである．

4.4.3　例外

　構成原理に従って電子を入れていくと，たいていの原子の基底電子配置をかくことができるが，例外がある．4.2節で見たように主量子数が1の場合をK殻，主量子数が2の場合をL殻などと呼ぶ．K殻を構成する軌道は1s軌道，L殻を構成する軌道は2s軌道と2p軌道であるが，この1s軌道，2s軌道，2p軌道などのことを**副殻**という．副殻が完全に満たされる（**閉殻**）状態および副殻が半分満たされる（**半閉殻**）状態が優先となるというのが例外則である．

　具体的に見てみよう．銅原子の基底電子配置について考えてみよう．構成原理に従えば，

$$(1s)^2(2s)^2(2p)^6(3s)^2(3p)^6(3d)^9(4s)^2$$

と書ける．$(3d)^9(4s)^2$ の部分だけスピンを考慮して描いてみると，

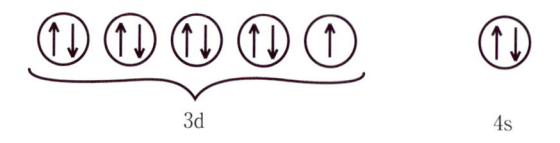

3d　　　　　　　　4s

となる．3d軌道に電子が9個，4s軌道に電子が2個という状態である．d軌道の形は図4.3に示した通りであり，この軌道が完全に満たされて次頁に示す

ようになったほうが，負の電荷を帯びた電子が原子核を中心とした球対称分布

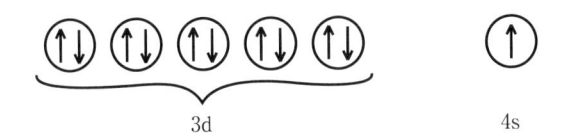

$$\underbrace{(\uparrow\downarrow)(\uparrow\downarrow)(\uparrow\downarrow)(\uparrow\downarrow)(\uparrow\downarrow)}_{3d} \quad \underset{4s}{(\uparrow)}$$

となるため，静電的に安定になる．4s 軌道は球対称な軌道なので，1個でも2個でも安定であり，静電的な安定性は変わらない．3d 軌道と 4s 軌道のエネルギー差はわずかであるので，このような理由から，3d 軌道に電子が10個，4s 軌道に電子が1個入ったほうが安定になるのである．したがって，銅原子の基底電子配置は，

$$(1s)^2(2s)^2(2p)^6(3s)^2(3p)^6(3d)^{10}(4s)^1$$

となる．このように，副殻が完全に満たされる閉殻状態は優先となる．

同様に，クロム原子の基底電子配置について考えてみよう．構成原理に従えば，

$$(1s)^2(2s)^2(2p)^6(3s)^2(3p)^6(3d)^4(4s)^2$$

と書ける．$(3d)^4(4s)^2$ の部分だけスピンを考慮して描いてみると，

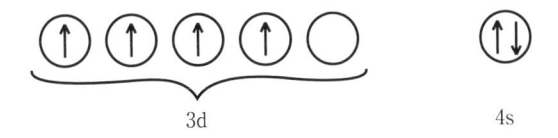

$$\underbrace{(\uparrow)(\uparrow)(\uparrow)(\uparrow)()}_{3d} \quad \underset{4s}{(\uparrow\downarrow)}$$

となる．3d 軌道に電子が4個，4s 軌道に電子が2個という状態である．この場合も，各 3d 軌道に電子が1個ずつ入って次頁に示すようになったほうが，負の電荷を帯びた電子が原子核を中心とした球対称分布となるため，静電的に安定となる．

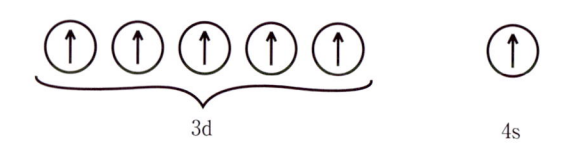

クロム原子の基底電子配置は,

$$(1s)^2(2s)^2(2p)^6(3s)^2(3p)^6(3d)^5(4s)^1$$

となる．このように，副殻が半分満たされる半閉殻状態も優先となる．これが例外則である．この例外則は，3d軌道と4s軌道のようにエネルギー差が小さいときに生じる．2p軌道と3s軌道のようにエネルギー差が大きい軌道では，その差のほうが有利なので，このようなことは起こらない．

表4.4に元素の基底電子配置を示しておく．構成原理とこの例外則で，ほと

表4.4 原子の基底電子配置

周期	原子番号	元素	1s	2s	2p	3s	3p	3d	4s	4p	4d	5s	5p	4f	5d	6s	6p	5f	6d	7s	7p
1	1	H	1																		
	2	He	2																		
2	3	Li	2	1																	
	4	Be	2	2																	
	5	B	2	2	1																
	6	C	2	2	2																
	7	N	2	2	3																
	8	O	2	2	4																
	9	F	2	2	5																
	10	Ne	2	2	6																
3	11	Na	10 ネオン殻			1															
	12	Mg				2															
	13	Al				2	1														
	14	Si				2	2														
	15	P				2	3														
	16	S				2	4														
	17	Cl				2	5														
	18	Ar				2	6														
4	19	K	18 アルゴン殻						1												
	20	Ca							2												
	21	Sc ↑						1	2												
	22	Ti						2	2												
	23	V 第						3	2												
	24	Cr 一						5	1												
	25	Mn 遷						5	2												
	26	Fe 移						6	2												
	27	Co 元						7	2												
	28	Ni 素						8	2												
	29	Cu						10	1												
	30	Zn ↓						10	2												
	31	Ga						10	2	1											
	32	Ge						10	2	2											
	33	As						10	2	3											
	34	Se						10	2	4											
	35	Br						10	2	5											
	36	Kr						10	2	6											

第 4 章 原子軌道と原子の電子構造

周期	原子番号	元素	1s	2s	2p	3s	3p	3d	4s	4p	4d	5s	5p	4f	5d	6s	6p	5f	6d	7s	7p
5	37	Rb										1									
	38	Sr										2									
	39	Y									1	2									
	40	Zr				第二遷移元素					2	2									
	41	Nb									4	1									
	42	Mo									5	1									
	43	Tc									5	2									
	44	Ru				36 クリプトン殻					7	1									
	45	Rh									8	1									
	46	Pd									10										
	47	Ag									10	1									
	48	Cd									10	2									
	49	In									10	2	1								
	50	Sn									10	2	2								
	51	Sb									10	2	3								
	52	Te									10	2	4								
	53	I									10	2	5								
	54	Xe									10	2	6								
6	55	Cs														1					
	56	Ba														2					
	57	La													1	2					
	58	Ce												1	1	2					
	59	Pr												3		2					
	60	Nd												4		2					
	61	Pm				ランタノイド								5		2					
	62	Sm												6		2					
	63	Eu												7		2					
	64	Gd												7	1	2					
	65	Tb												9		2					
	66	Dy				第三遷移元素								10		2					
	67	Ho												11		2					
	68	Er												12		2					
	69	Tm												13		2					
	70	Yb				54 キセノン殻								14		2					
	71	Lu												14	1	2					
	72	Hf												14	2	2					
	73	Ta												14	3	2					
	74	W												14	4	2					
	75	Re												14	5	2					
	76	Os												14	6	2					
	77	Ir												14	7	2					
	78	Pt												14	9	1					
	79	Au												14	10	1					
	80	Hg												14	10	2					
	81	Tl												14	10	2	1				
	82	Pb												14	10	2	2				
	83	Bi												14	10	2	3				
	84	Po												14	10	2	4				
	85	At												14	10	2	5				
	86	Rn												14	10	2	6				
7	87	Fr																		1	
	88	Ra																		2	
	89	Ac																	1	2	
	90	Th																	2	2	
	91	Pa																2	1	2	
	92	U																3	1	2	
	93	Np																4	1	2	
	94	Pu				アクチノイド												6		2	
	95	Am																7		2	
	96	Cm				86 ラドン殻												7	1	2	
	97	Bk				第四遷移元素												9		2	
	98	Cf																10		2	
	99	Es																11		2	
	100	Fm																12		2	
	101	Md																13		2	
	102	No																14		2	
	103	Lr																14	1	2	

【出典】小林常利,『物質構造論入門　基礎化学結合論』pp.64-65, 表 4.3, 培風館（1995）より一部改変して引用.

んどの基底電子配置を説明することができるが，若干，規則通りにいかない部分がある．

4.5　原子の電子配置と元素の周期性

原子の電子配置により，原子の化学的な性質が決まる．原子番号の順に元素を配列した**周期表**（見返し参照）は電子配置の周期性を反映している．周期表の横を周期，縦を族というが，同族元素は電子配置が類似しているため，原子の化学的な性質も類似している．ここでは，特に，原子の**イオン化エネルギー**と**電子親和力**についてみてみよう．

4.5.1　原子のイオン化エネルギー

原子のイオン化エネルギーとは，原子から電子を取り去るのに必要なエネルギーである．一般的には，中性の原子から電子を1個取り出すのに必要な最小のエネルギー（つまり，一番取れやすい電子を取り出すのに必要なエネルギー）を第一イオン化エネルギーといい，さらに，もう1個電子を取り出すのに必要なエネルギーを第二イオン化エネルギー，取り出す電子の数が増えるに従い，第三，第四・・・イオン化エネルギーと呼ぶ．第二周期元素までの原子のイオン化エネルギーの値を**表 4.5** に示す．

表 4.5　原子のイオン化エネルギー

原子番号	元素	I	II	III	IV	V	VI	VII	VIII	IX	X
1	H	13.598									
2	He	24.587	54.416								
3	Li	5.392	75.638	122.451							
4	Be	9.322	18.211	153.893	217.713						
5	B	8.298	25.154	37.930	259.368	340.217					
6	C	11.260	24.383	47.887	64.492	392.077	489.981				
7	N	14.534	29.601	47.448	77.472	97.888	552.057	667.029			
8	O	13.618	35.116	54.934	77.412	113.896	138.116	739.315	871.387		
9	F	17.422	34.970	62.707	87.138	114.240	157.161	185.182	953.886	1103.089	
10	Ne	21.564	40.962	63.45	97.11	126.21	157.93	207.27	239.09	1195.797	1362.164

【出典】日本化学会編，『化学便覧 基礎編 II』，改訂 5 版，pp.764-765，丸善（2004）を引用．

第二イオン化エネルギーとして，中性の原子から二番目に取り出しやすい電子を取り出すのに必要なエネルギーを呼ぶ場合もある．

分子のイオン化エネルギーも同様に定義される．

表 4.5 を見ると，同じ原子のイオン化エネルギーの値が急激に桁違いに変化するところがある．これは，ちょうど，主量子数 n の値が変わる部分である．

第一イオン化エネルギーについてみてみよう．図 4.9 に原子番号に対する第一イオン化エネルギーの値を示す．図 4.9 で，極大値を示しているのは 18 族元素である．18 族元素の電子配置は閉殻電子配置で極めて安定であり，電子を取り出すのに大きなエネルギーを要するためである．逆に，アルカリ金属は最外殻電子が $(ns)^1$ の電子配置をとるため，陽イオンになりやすく，極小値をとっていることがわかる．各周期とも第 1 族から第 18 族に進むにつれて，イオン化エネルギーの値が大きくなっている．これは，次のように解釈できる．同一周期内では電子が同じ殻に入っていくため，他の価電子に対して有効に遮蔽効果を及ぼさない．したがって，原子番号が大きくなるほど有効核荷電も大きくなり，電子が取り出しにくくなるのである．また，Be や Mg，N や P は隣接原子に比べて，イオン化エネルギーが大きくなっている．これは，Be や

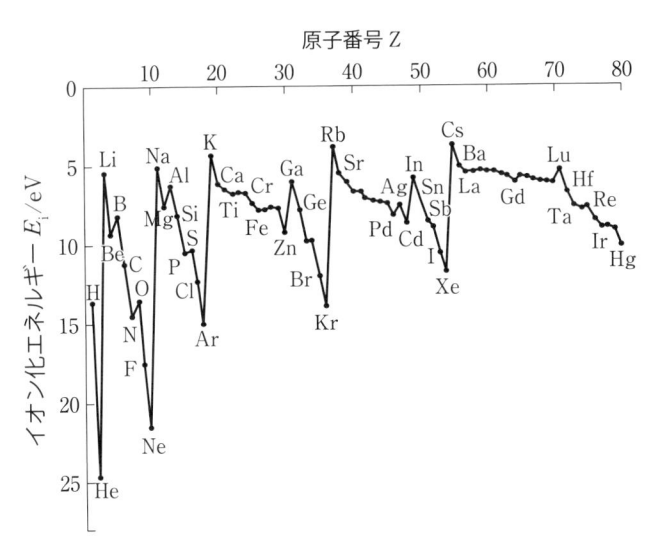

図 4.9　原子の第一イオン化エネルギー

Mgは最外殻のs軌道が満たされている状態であり，NやPはp軌道が半閉殻状態になっているので，電子配置が比較的安定なためである．同族内では，原子番号が大きくなるほど，イオン化エネルギーは小さくなっている．周期が大きくなり電子殻が増すと内殻電子の遮蔽効果により有効核荷電も小さくなるため，電子が取り出しやすくなるのである．また，原子番号が増加すると，最外殻の主量子数が大きくなるので軌道の広がりが大きくなり，核荷電との引力が小さくなるため，やはり，電子が取り出しやすくなるのである．このように，イオン化エネルギーは，電子配置と密接な関係がある．

4.5.2 原子の電子親和力

原子の電子親和力とは，原子が電子1個を得て，陰イオンになるときに放出されるエネルギーのことである．いくつかの原子の電子親和力の値を**表 4.6**に示す．ハロゲン原子の価電子は$(n\mathrm{s})^2(n\mathrm{p})^5$の電子配置をとるため，陰イオンになりやすく，電子親和力の値も大きい．第18族元素は閉殻電子配置で安定なので，エネルギーを与えないと陰イオンにはならない．そのため，電子親和力は負の値となっている．

表 4.6 原子の電子親和力 /eV

H 0.754							He −0.5
Li 0.618	Be −0.5	B 0.277	C 1.263	N −0.07	O 1.461	F 3.399	Ne −1.2
Na 0.548	Mg −0.4	Al 0.441	Si 1.385	P 0.747	S 2.077	Cl 3.617	Ar −1.0
K 0.501	Ca −0.3	Ga 0.30	Ge 1.2	As 0.81	Se 2.02	Br 3.365	Kr −1.0
Rb 0.486	Sr −0.3	In 0.3	Sn 1.2	Sb 1.07	Te 1.971	I 3.059	Xe −0.8

【出典】H. Hotop, W.C. Lineberger, *J. Phys. Chem. Ref. Data*, **14**, 731 (1985) を一部改変して引用．

問題

1. 水素類似原子の原子核位置において，1s, 2s, 2p 電子が存在する確率密度を簡単な整数比で表しなさい．

2. 以下に示した量子数 (n, l, m_l) の組み合わせのうち，原子軌道を正しく記述していないものを選びなさい．
   (a) (0, 0, 0) (b) (2, 2, −1) (c) (3, 1, −2) (d) (4, 2, 2)
   (e) (3, −2, 1)

3. 以下に示した元素記号の原子の基底電子配置をスピンの向きも考慮して示しなさい．
   (a) N (b) Ag (c) P (d) Fe

4. 以下の軌道を量子数 (n, l, m_l) で規定しなさい．
   (a) 1s (b) 2s (c) 2p (d) 3d

5. 水素原子の 1s 軌道について，以下のことを導きなさい．
   (a) 動径分布関数が $r^2 R(r)^2$ になる．
   (b) 電子を見出す確率が $r = a_0$ で最大となる．

6. 基底状態における主量子数 n のオービタルに収容しうる最大の電子数を計算しなさい．

7. Mo の基底電子配置について適切な用語を用いて詳しく論じなさい．

第5章 水素分子イオンの分子軌道

原子は，化学結合によって安定な分子を形成する．結合の仕方にはいろいろな種類があるが，それについては，後で学習する．ここでは，まず，分子の中で一番簡単な水素分子イオンについてみてみよう．

5.1 なぜ，電子が結合の担い手となるのか

水素分子イオン，H_2^+ は2個の水素原子の原子核と1個の電子から成る最も簡単な分子である．

原子核は正の電荷を持っているので，図5.1（ⅰ）に示すように核と核だけでは反発力が働き，決して引き合うことはない．反発力に逆らって，化学結合を実現させているのが電子なのである．

なぜ，電子が反発し合う核を引き寄せて，化学結合を作り出すのだろうか．電子の作用を簡単なモデルで考えてみよう．電子により，2個の核a，bに働く力を考える．図5.1（ⅱ）のように，電子が核aと核bの間に位置するときを考えてみよう．正の電荷を帯びた核は負の電荷を帯びた電子に引きつけられるので，力F_aとF_bが働く．これらの力を核と核を結ぶ軸（以下，これを結合軸と呼ぶ）とそれに垂直な軸に分解すると図に示すようになる．ここで，電子は結合軸に対して対称な位置にいる確率は等しいので，結合軸に垂直な方向の成分は相殺され，結合軸方向の成分のみ働くことになる．すると，核aと核bには引きつけ合う力が働くことになるので，結合することができる．次に，図5.1（ⅲ）のように，電子が互いの核の反対側に位置するときを考えてみよう．（ⅱ）のときと同様に，電子により，核a，bに働く力F_aとF_bを考える．いま，電子は核bの近くにあり，核aからは遠いので，働く力もF_bのほうがF_aより

(ⅰ)

核 ←→ 核
　　反発

(ⅱ)

力の分解

(ⅲ)

(ⅳ)

反結合性領域　　結合性領域　　反結合性領域

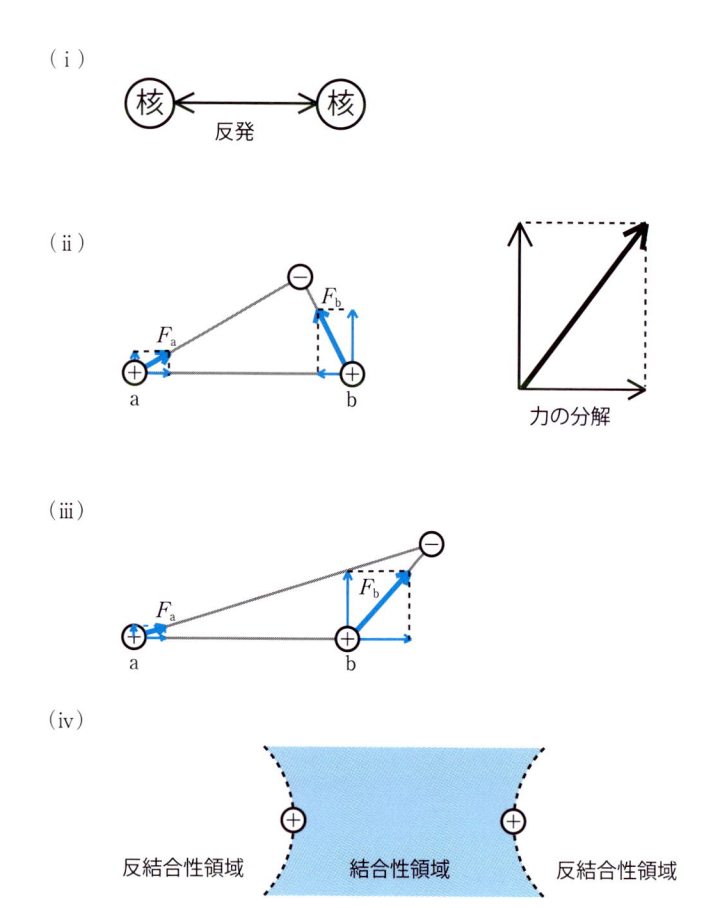

図 5.1　結合性領域と反結合性領域

も大きい．これらの力を同様に，分解すれば，核 a には核 b に引き寄せられる力が働くが，非常に小さい力である．一方，核 b に働く力は，核 a から遠ざかろうとする大きな力が働くので，両者を合成すると，核から遠ざかろうとする力が残ることになり，結合はできない．

　このように，正電荷をもつ核の間に電子が位置すると，これらの核は結合できるのである．そして，互いの核の反対方向に電子があるときには，結合できないのである．そのため，前者の領域を**結合性領域**，後者の領域を**反結合性領域**といい，図 5.1（ⅳ）のような図を**ベルリン・ダイアグラム**と呼ぶ．

5.2　水素分子イオンの波動関数

　原子の場合に原子軌道を考えたように，分子において電子が入っている軌道を**分子軌道**（Molecular Orbital, **MO**）という．

　では，水素分子イオンの分子軌道はどのように表現できるのだろうか．そもそも，これらの軌道は波動関数，つまり，波である．波であれば，重ね合わせ（干渉）することができるはずである．したがって，原子軌道を線形結合させることで分子軌道を作り出すことができると考えられる．このように原子軌道の線形結合（Linear Combination of Atomic Orbitals, LCAO）で分子軌道を作る方法を **LCAO-MO 法**という．

　図 5.2 のように，2 個の水素原子核 a と b および 1 個の電子を考える．原子核が a の位置にある場合の水素原子の 1s 軌道を ψ_{1s_a}，原子核が b の位置にある場合の水素原子の 1s 軌道を ψ_{1s_b} と表せば，電子が核 a の近くに存在し，核 b から十分離れていれば，そのときの電子の状態は近似的に ψ_{1s_a} で表現できる．同様に電子が核 b の近くに存在し，核 a から十分離れていれば，そのときの電子の状態は近似的に ψ_{1s_b} で表現できる．これらを線形結合させてできる分子軌道 ϕ は，

$$\phi_{\pm} = C_{\pm}(\psi_{1s_a} \pm \psi_{1s_b}) \tag{5.1}$$

と書ける．ここで，C は**規格化係数**である．

　分子軌道でも波動関数の規格化条件が成り立つから次式が得られる．

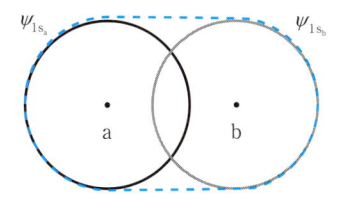

図 5.2　水素分子イオンの分子軌道

$$\int \phi_\pm^2 d\tau = C_\pm^2 \left\{ \int \psi_{1s_a}^2 d\tau + \int \psi_{1s_b}^2 d\tau \pm 2\int \psi_{1s_a}\psi_{1s_b} d\tau \right\} \tag{5.2}$$

$$= C_\pm^2 \left\{ 2 \pm 2\int \psi_{1s_a}\psi_{1s_b} d\tau \right\} = 1$$

ここで，S を

$$S = \int \psi_{1s_a}\psi_{1s_b} d\tau \tag{5.3}$$

のように，定義する．この S は**重なり積分**という量である．ここでは，詳しく触れないが，軌道と軌道の重なり具合（相互作用の大きさ）を表す量であり，両軌道が完全に重なれば1，まったく相互作用をしなければ0である．(5.3)式を(5.2)式に代入すると，(5.4)式が得られるので，(5.1)式は(5.5)式で表現できる．

$$C_\pm = \frac{1}{\sqrt{2(1 \pm S)}} \tag{5.4}$$

$$\phi_\pm = \frac{1}{\sqrt{2(1 \pm S)}} (\psi_{1s_a} \pm \psi_{1s_b}) \tag{5.5}$$

つまり，ϕ_+ は互いに強め合う干渉の形，ϕ_- は互いに打ち消し合う干渉の形である．いま，分子軌道のイメージを掴むために規格化係数を無視すると，**図5.3**のように，分子軌道を表現することができる．ϕ_+ は同じ位相の原子軌道の重ね合わせ，ϕ_- は逆位相の原子軌道の重ね合わせであり，図5.3（ⅰ）のようになる．図4.2の原子軌道のグラフから，これらは（ⅱ）のように描くことができる．したがって，分子軌道の二乗は（ⅲ）のようになる．（ⅲ）を見るとわかるように，ϕ_+ では，電子密度が核と核の間の結合性領域に集中しており，この軌道の電子は結合力をもたらすことがわかる．逆に，ϕ_- では原子軌道に比べ，結合性領域における電子密度が減少し，反結合性領域に電子密度が偏っているため，結合は期待できない．このことから，ϕ_+ を**結合性軌道**，ϕ_- を**反結合性軌道**と呼ぶ．次に，結合性軌道 ϕ_+ と反結合性軌道 ϕ_- のエネルギ

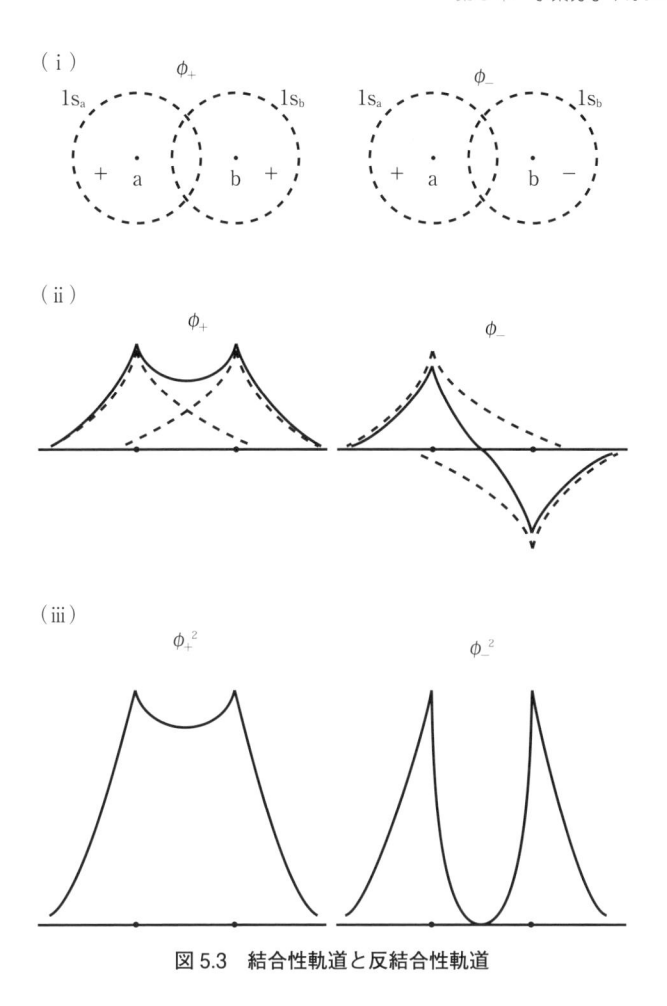

第 5 章　水素分子イオンの分子軌道

(ⅰ)

(ⅱ)

(ⅲ)

図 5.3　結合性軌道と反結合性軌道

ーについて考えよう．結合が形成されるということは，形成前よりもエネルギー的に安定であるということである．したがって，結合性軌道 ϕ_+ はもとの原子軌道よりエネルギー的に安定な軌道であり，反結合性軌道 ϕ_- はもとの原子軌道よりエネルギー的に不安定な軌道であるといえる．したがって，水素原子の原子軌道と水素分子イオンの分子軌道のエネルギーを図に表すと，**図 5.4** のようになる．

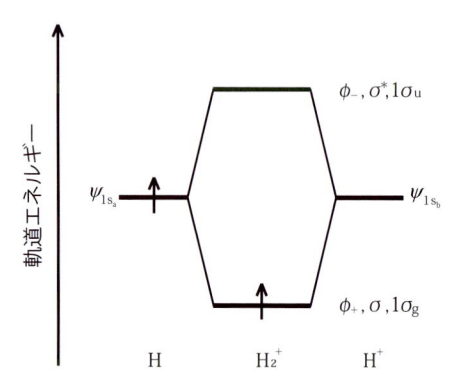

図5.4　水素分子イオンの分子軌道のエネルギー準位図

5.3　分子軌道の表記法

　原子軌道を 1s, 2s, 2p などで表記するが，分子軌道の表記法についても学習しよう．

　分子軌道が結合軸に関して円筒対称になっている場合，すなわち，結合軸に垂直な断面で切断したときの切断面が s 軌道の断面と同じ形（円）になっているとき（図 5.5），この軌道を**σ軌道**という．σは s に相当するギリシャ文字である．

　分子軌道を結合軸に垂直な断面で切断したときの切断面が p 軌道の断面と同じ形になっているとき（図 5.5），この軌道を**π軌道**という．π は p に相当するギリシャ文字である．また，結合性軌道と反結合性軌道を区別するために，反結合性軌道には，右肩に * を付ける方法がある．

　この表記で先程の水素分子イオンの分子軌道を表記すれば，結合性分子軌道は σ，反結合性分子軌道は σ* となる．

　原子軌道の組み合わせと分子軌道の表記を図 5.6 にまとめた．水素分子イオンの分子軌道で学んだように，原子軌道が同位相で相互作用するときが結合性軌道，逆位相で相互作用するときが反結合性分子軌道である．⑤，⑥は図を見るとわかるように，結合性の重なりと反結合性の重なりが完全に打ち消し合うため，相殺されて相互作用しない（重なり積分が 0 である）ので，分子軌道を形成できない．

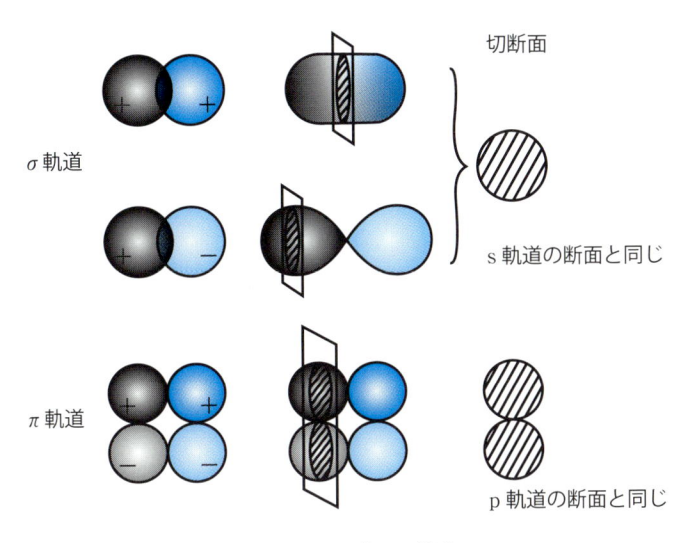

図 5.5 σ軌道とπ軌道

　さらに，対称性を表す記号がある．分子の重心に対して対称移動操作を行ったときに軌道がぴったり重なり，符号も同じであるとき，**パリティ**（**偶奇性**）が**偶**であるといい，記号 **g** を用いて表す．対称移動操作を行ったときに軌道がぴったり重なるが，符号が反転するとき，パリティ（偶奇性）が**奇**であるといい，記号 **u** を用いて表す．g, u はそれぞれドイツ語の gerade（偶），ungerade（奇）の頭文字である．**図 5.7** に示したように，s 軌道どうしからなる結合性軌道はパリティが偶であるので σ_g，s 軌道どうしからなる反結合性軌道はパリティが奇であるので σ_u となる．図 5.7 に示す p 軌道どうしの組み合わせからなる結合性軌道はパリティが奇であるので π_u，反結合性軌道はパリティが偶であるので π_g となる．

　また，水素分子イオンの分子軌道は 2 個だけであるが，電子の数の増加に伴い，分子軌道の数も増える．そこで，エネルギーの低いほうから $1\sigma_g$, $2\sigma_g$, $\cdots$ のように表記したり，どの原子軌道由来かを示して，σ_{1s}, σ_{2s} などと表記したりする．

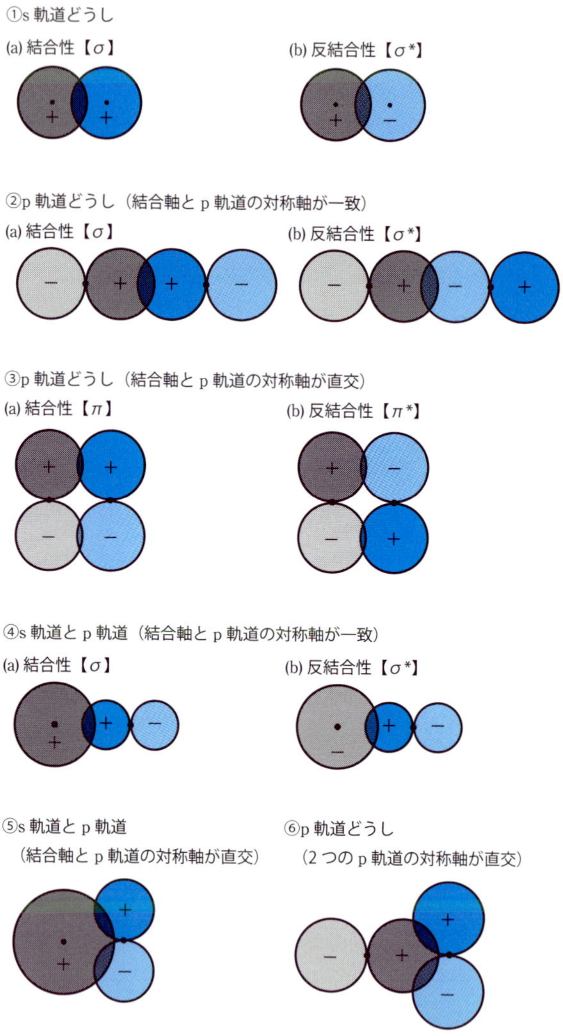

① s軌道どうし
(a) 結合性【σ】　　　　　　　　(b) 反結合性【σ*】

② p軌道どうし（結合軸とp軌道の対称軸が一致）
(a) 結合性【σ】　　　　　　　　(b) 反結合性【σ*】

③ p軌道どうし（結合軸とp軌道の対称軸が直交）
(a) 結合性【π】　　　　　　　　(b) 反結合性【π*】

④ s軌道とp軌道（結合軸とp軌道の対称軸が一致）
(a) 結合性【σ】　　　　　　　　(b) 反結合性【σ*】

⑤ s軌道とp軌道　　　　　　　　⑥ p軌道どうし
（結合軸とp軌道の対称軸が直交）　（2つのp軌道の対称軸が直交）

図5.6　原子軌道の組み合わせと分子軌道の表記

第 5 章　水素分子イオンの分子軌道

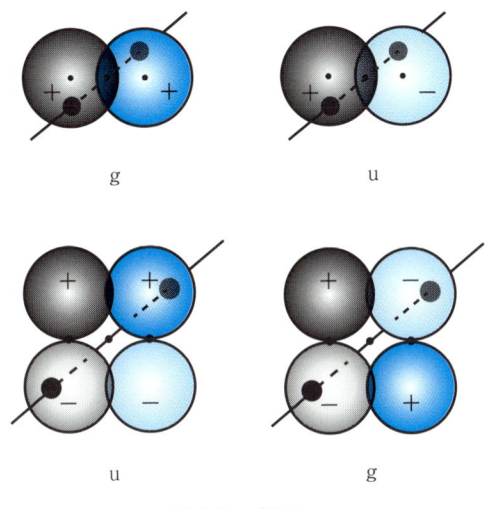

g　　　　　　　　u

u　　　　　　　　g

図 5.7　パリティ

75

問題

1. なぜ，正電荷をもち，反発する核同士が電子を介して結合することができるのか，説明しなさい．

2. 同じ種類の2個の原子間で，以下の原子軌道の組み合わせからの分子軌道は考えられるか．考えられる場合には，その分子軌道の名称を答えなさい．ただし，核と核を結ぶ軸（結合軸という）をz軸とする．
    (a) 1sと1s (b) $2p_x$と$2p_x$ (c) $2p_y$と$2p_y$ (d) $2p_z$と$2p_z$
    (e) 1sと$2p_x$ (f) 1sと$2p_z$ (g) $2p_x$と$2p_y$ (h) $2p_x$と$2p_z$
    (i) $2p_y$と$2p_z$

3. 結合性軌道と反結合性軌道について，説明しなさい．

第6章 等核二原子分子の分子軌道

第5章で一番簡単な分子である水素分子イオンの分子軌道について学んだ。2個の核と1個の電子からなる分子であった。さらに拡張して、2個の核と複数の電子からなる分子における分子軌道を見ていくことにしよう。その中でも、まず、同じ種類の2個の原子が結合する等核二原子分子について考えていこう。

6.1 結合次数

結合次数とは、一般に共有結合の多重度を表す目安となる量で、いくつかの定義がある。ここでは、等核二原子分子に対してよく使われ、原子間の結合を考えるうえで非常に有用な表し方を紹介する。等核二原子分子の結合次数は、結合性分子軌道（bonding molecular orbital）に存在する電子の数（n_b）から反結合性分子軌道（antibonding molecular orbital）に存在する電子の数（n_a）を差し引き、2で割った数で表される（式(6.1)）。ここでは、結合次数（bond order）を BO で表すことにする。

$$BO = \frac{n_b - n_a}{2} \tag{6.1}$$

結合次数の値に対応して、以下のように呼ぶ。

- $BO = 0.5$ ：**半結合**（half bond）
- $BO = 1$ ：**一重結合，単結合**（single bond）
- $BO = 2$ ：**二重結合**（double bond）

$BO = 3$: **三重結合**(triple bond)

水素分子イオンの結合次数は，

$$BO(\mathrm{H_2^+}) = \frac{1-0}{2} = 0.5 \tag{6.2}$$

であるので，半結合である．

6.2 結合エネルギー

　基底状態にある分子を基底状態の構成原子にばらばらに分離するのに必要なエネルギーを分子内の結合一つ一つに割り振ったものを**結合エネルギー**という．これに対して，分子中の着目したある特定の結合のところで分子を切断するのに必要なエネルギーを**結合解離エネルギー**という．具体的に示したほうがわかりやすいので，水分子の OH 結合の結合エネルギーと結合解離エネルギーについて見てみよう（**図 6.1**）．

　結合エネルギーは異なる分子でもほぼ同じ値をとる．このことは，結合が局在的であることを表しているといえよう．したがって，加成性を仮定しておおよその値を計算することもできるのである．

　当然のことであるが，二原子分子の場合には，結合エネルギーと結合解離エ

H₂O の OH 結合の結合解離エネルギー

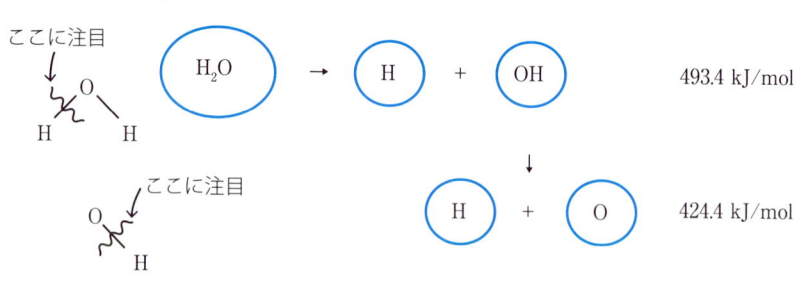

H₂O → H + OH　　493.4 kJ/mol

　　　　　　↓
　　　　H + O　　424.4 kJ/mol

結合エネルギーは，これらの平均値　458.9 kJ/mol

図 6.1　結合エネルギーと結合解離エネルギー

ネルギーは同じになる.

6.3 HOMO と LUMO

　水素分子イオンを例にあげると，その分子軌道は2個であり，結合性分子軌道には電子が存在するが，反結合性分子軌道には電子が存在しない．このように，分子軌道には電子が入っているものと電子が入っていないものがある．前者を**被占軌道**，後者を**空軌道**という．そして，被占軌道の中で，エネルギーレベルの最も高い軌道を **HOMO**（highest occupied molecular orbital：最高被占軌道）といい，空軌道の中で，エネルギーレベルの最も低い軌道を **LUMO**（lowest unoccupied molecular orbital：最低空軌道）という．

6.4 磁性

　これから二原子分子の分子軌道について考える際に，**磁性**について知っておくことが有用である．簡単に言えば，磁石にくっつくかくっつかないかである．**常磁性**の物質は磁石にくっつき，**反磁性**の物質は磁石にくっつかない．この性質は何によって決まるのかというと，**不対電子**の有無である．不対電子とは何かを説明しよう．軌道には電子が1個だけ入っているときと，2個の電子がスピンを反平行にして入っているときがあることはすでに学習したが，軌道に1個だけ入っている電子を不対電子と呼ぶ．不対電子があるときには，外部から磁場をかけるとその影響を受けるため常磁性を示すが，電子が対をなして入っていると，スピンが互いに打ち消し合うため反磁性を示すのである．

> **コラム** 常磁性と反磁性
>
> 　磁性とは物質の磁気的な性質のことである．ふつう，外部磁場をかけると，電磁誘導の法則により，物質はそれを打ち消す方向に磁化される．この性質を反磁性という．これに対し，不対電子が存在する場合にはスピン角運動量を持

つため，外部から磁場をかけると，スピン磁気モーメントが磁場と同じ方向に傾き，エネルギー的に安定になる．すなわち，外部磁場と同じ方向に磁化されることになる．この性質を常磁性という．

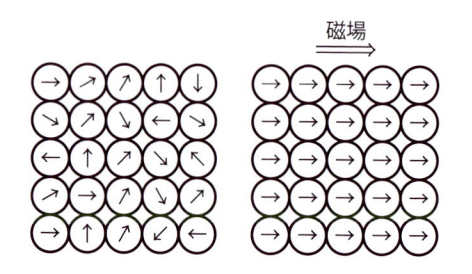

6.5 二原子分子の分子軌道

6.5.1 二原子分子の分子軌道の形成のルール

二原子分子の分子軌道の形成とエネルギーについて，定性的に考えるときには，以下のルール①〜③に従えばよい．

二原子分子の分子軌道形成のルール

① **同じエネルギーの原子軌道が分子軌道を形成するとき**

　図 6.2 に示すように，同じエネルギー準位の原子軌道から分子軌道が形成されるときには，これらの原子軌道は同じ割合で混ざり合う．原子軌道のエネルギーに対する結合性分子軌道のエネルギーの安定化分（Δ_+）と反結合性分子軌道のエネルギーの不安定化分（Δ_-）はほぼ等しく，若干 Δ_- のほうが大きい．

② **異なるエネルギーの原子軌道が分子軌道を形成するとき**

　異なるエネルギー準位の原子軌道から分子軌道が形成されるときには，これらの原子軌道の混じり合い方は異なる．結合性分子軌道は構成する原子軌道のうち，安定な原子軌道の割合が大きく，反結合性分

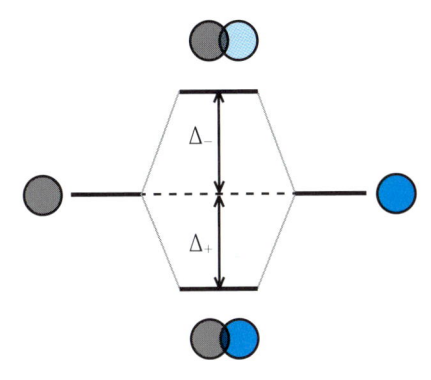

図 6.2 同じエネルギーの AO が MO を形成するとき

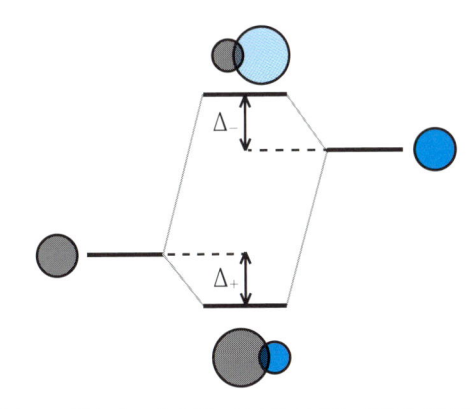

図 6.3 異なるエネルギーの AO が MO を形成するとき

子軌道は構成する原子軌道のうち，不安定な原子軌道の割合が大きくなる．図 6.3 に示すように，寄与の割合が異なる．また，安定な原子軌道に対する結合性分子軌道のエネルギーの安定化分（Δ_+）と不安定な原子軌道に対する反結合性分子軌道のエネルギーの不安定化分（Δ_-）はほぼ等しく，若干 Δ_- のほうが大きい．

③ 二つの軌道がエネルギー的に，あるいは，空間的に離れているとき

軌道間の相互作用は小さくなる．エネルギーに関しては，目安として十数 eV 以上の差があるときには，相互作用は無視できるぐらい小さいと考えてよい．

以上をふまえて，等核二原子分子の分子軌道と電子配置，そのエネルギーなどについてみていくことにしよう．

6.5.2 第一周期元素の等核二原子分子の分子軌道

第一周期の元素である水素とヘリウムは1s軌道のみである．まず，第一周期元素の二原子分子について考えてみよう．

◆ H_2

水素原子の電子配置は $(1s)^1$ である．ルール①に従って，エネルギー準位図を描いてみれば，**図6.4** のようになる．H_2 の電子の数は合わせて2個であるから，結合性分子軌道である $1\sigma_g$ 軌道に2個の電子がスピンを反対にして入ることになる．このときの結合次数（BO）を計算すると，

$$BO(H_2) = \frac{2-0}{2} = 1$$

となり，単結合であることがわかる．**表6.1** に示した等核二原子分子の結合距離と結合エネルギーをみると，H_2 の**結合エネルギー**は 4.75 eV，H_2^+ の結合エネルギーは 2.79 eV である．結合エネルギー（Binding Energy）を BE と表せば，ルール①から H_2^+ では，電子が1個安定な結合性分子軌道に入っているので，$BE(H_2^+) = \Delta_+$ であり，一方，H_2 では，電子が2個安定な結合性分子軌道に入っているので，$BE(H_2) \approx 2\Delta_+$ と書け，実験値にほぼ対応することがわかる．

H_2 の結合次数は H_2^+ の2倍になっており，核間距離も H_2 のほうが H_2^+ よりも短く，結合が強いことを反映している．H_2 は電子2個が結合性分子軌道 $1\sigma_g$ に入っているので，この電子配置を $(1\sigma_g)^2$ と表記する．

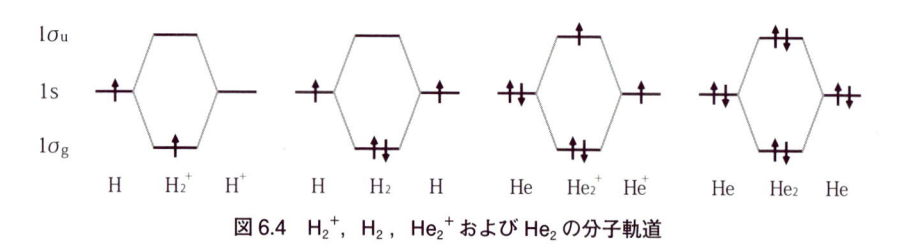

図6.4　H_2^+，H_2，He_2^+ および He_2 の分子軌道

表 6.1　等核二原子分子の結合距離と結合エネルギー

分子	結合距離 /nm	結合エネルギー /eV
H_2^+	0.1060	2.793
H_2	0.07412	4.7483
He_2^+	0.1080	2.5
He_2	–	–
Li_2	0.2673	1.14
Be_2	–	–
B_2	0.1589	≈ 3.0
C_2	0.1242	6.36
N_2^+	0.1116	8.86
N_2	0.1094	9.902
O_2^+	0.11227	6.77
O_2	0.12074	5.213
F_2	0.1435	1.34
Ne_2	–	–

【出典】R. A. Alberty, "*Physical Chemistry*", 7th Ed., John Wiley & Sons, New York (1987) に基づく.

◆ He_2^+

　ヘリウム原子の電子配置は $(1s)^2$ である．この場合も，1s どうしの軌道の相互作用であるから，ルール①に従って，エネルギー準位図を描けばよい．ヘリウム分子イオンは，1 個のヘリウム原子と 1 個のヘリウムイオンからなるので図 6.4 のようになり，電子の数は合わせて 3 個である．2 個の電子はスピンを反平行にして結合性分子軌道である $1\sigma_g$ 軌道に入り，残りの 1 個は反結合性分子軌道である $1\sigma_u$ 軌道に入る．先のルールに則って，結合エネルギーを予測すれば，$BE(He_2^+) \approx \Delta_+$ と計算される．つまり，$BE(H_2^+)$ と同程度であると考えられる．実際に，表 6.1 を見ると，結合エネルギーは 2.5 eV であり，H_2^+ の結合エネルギー（2.79 eV）と非常に近い値を示している．また，$\Delta_- > \Delta_+$ であることも実験データと一致している．さらに，このときの結合次数（BO）を計算すると 0.5 となり，その結合は半結合であることがわかるが，He_2^+ と H_2^+ の核間距離も非常に近い値であり，結合の強さが同じぐらいであることと対応している．He_2^+ の基底電子配置は $(1\sigma_g)^2(1\sigma_u)^1$ である．

◆ He$_2$

次に，ヘリウム二原子分子について考えてみよう．今までと同様に 1s どうしの軌道の相互作用であるから，ルール①に従ってエネルギー準位図を描けばよい．ヘリウム原子は 2 個の電子を有するので，合計 4 個の電子が分子軌道に入るわけである．図 6.4 に示すように 2 個の電子はスピンを反平行にして結合性分子軌道である $1\sigma_g$ 軌道に入り，残りの 2 個は反結合性分子軌道である $1\sigma_u$ 軌道に入る．つまり，分子軌道が満員になる．ここで，エネルギーについて考えてみよう．安定化エネルギーと不安定化エネルギーの大きさはほぼ等しいが，$\Delta_- > \Delta_+$ と考えればよいことは H$_2^+$ と He$_2^+$ の実験データでもわかった．これを適用すれば，$BE(\text{He}_2) \approx 2\Delta_+ - 2\Delta_- < 0$ となり，結合エネルギーが負になるので，ヘリウム二原子分子は安定に存在できないと予測される．実際にヘリウム二原子分子は存在しない．ヘリウム原子どうしが結合できないことは，結合次数を計算すると 0 になることからも支持される．

6.5.3　第二周期元素の等核二原子分子の分子軌道

第二周期の元素になると，その原子軌道は 1s 軌道のみではなく，2s 軌道，2p 軌道も考えなくてはならない．ルール③によれば，二つの軌道がエネルギー的に十分離れているときには，その相互作用は無視できるほど小さい．そこで，軌道間の相互作用が無視できるほど，1s，2s，2p 軌道のエネルギー差があると仮定して，分子軌道の形成を考えてみよう．すなわち，1s 軌道どうし，2s 軌道どうし，2p 軌道どうしの相互作用を考えるのである．図 6.5 に，これらの相互作用を示した．すでに見てきたように，1s 軌道どうしは相互作用して，結合性分子軌道である $1\sigma_g$ 軌道と反結合性分子軌道である $1\sigma_u$ 軌道を形成する．次に，1s 軌道よりもエネルギー準位の高いところにある 2s 軌道どうしの相互作用を考えよう．これもまったく同じように相互作用を考えればよく，結合性分子軌道である $2\sigma_g$ 軌道と反結合性分子軌道である $2\sigma_u$ 軌道を形成する．ここで，注目してほしいのは図の分裂幅である．すなわち，1s 軌道どうしの相互作用にくらべて，2s 軌道どうしの相互作用のほうが大きいのである．なぜなら，第 2 周期元素になると，原子核の正電荷が大きくなるため，1s 軌道の電子雲は収縮するのである（図 6.6）．ルール③で述べたように，空間的に離れると

第 6 章　等核二原子分子の分子軌道

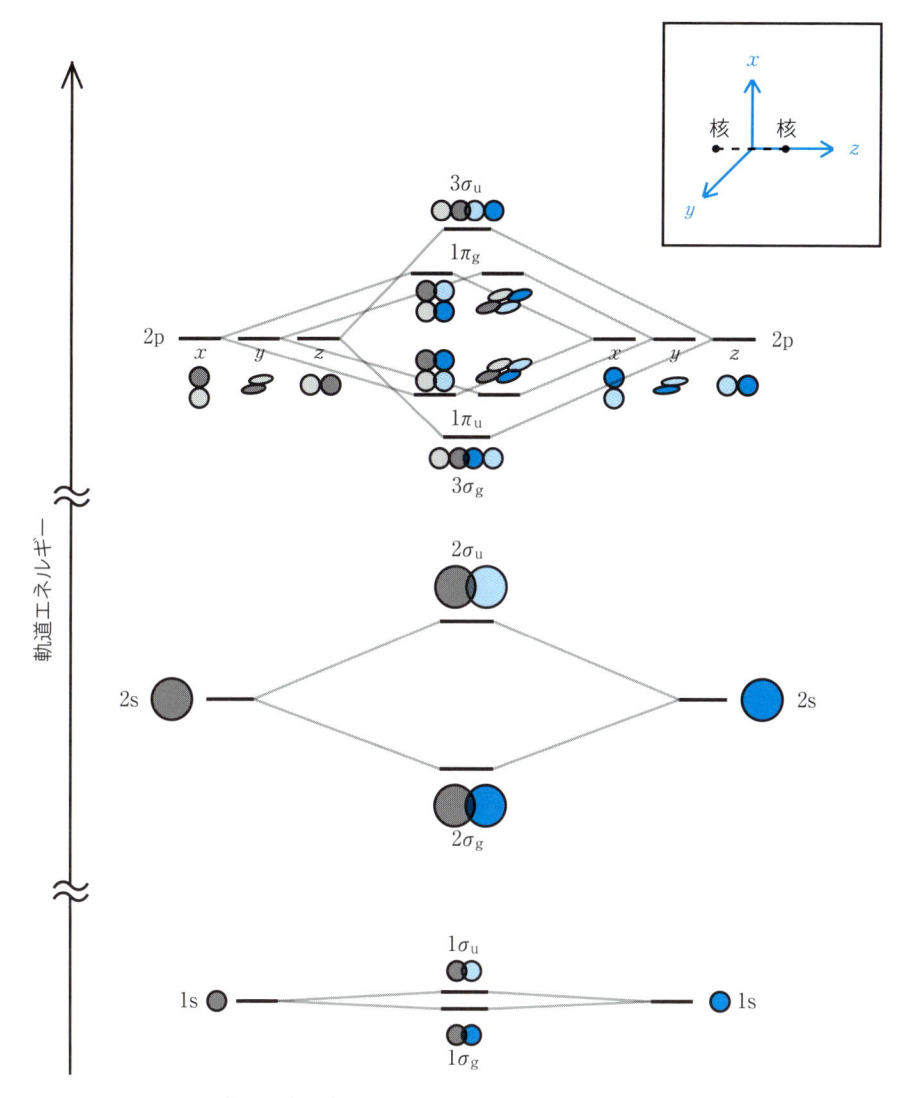

図 6.5　第二周期元素の等核二原子分子の分子軌道（一次相互作用）

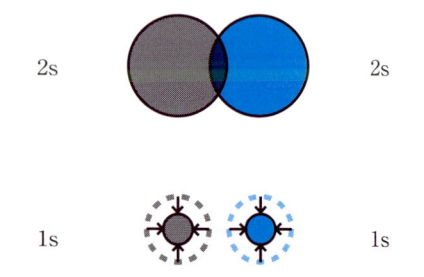

図 6.6　1s 軌道どうしの相互作用と 2s 軌道どうしの相互作用

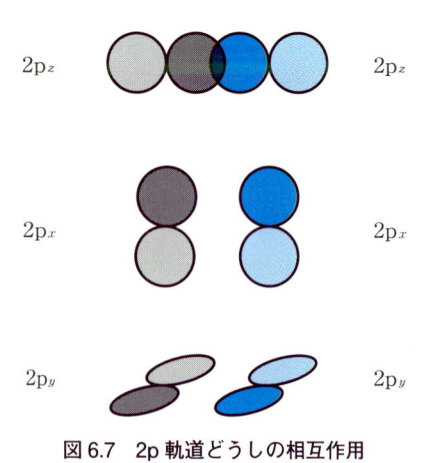

相互作用は小さくなる．この場合も電子雲の収縮により，重なりが小さくなるから，相互作用が小さくなるのである．そのため，$1\sigma_g$ 軌道と $1\sigma_u$ 軌道の分裂幅は非常に小さくなっている．これに対して 2s 軌道は，もともと電子雲の広がりも大きいので重なりも大きく，相互作用が大きくなるのである．次に，2p 軌道どうしの相互作用を考えよう．2p 軌道は三重に縮退した軌道であるが，5.3 節でも学習したように，これらの軌道は互いに直交しているため，相互作用できるのは $2p_x$ 軌道どうし，$2p_y$ 軌道どうし，$2p_z$ 軌道どうしである．これらの相互作用を考えてみよう．いま，結合軸（原子核と原子核を結ぶ軸）を z 軸とすると，2p 軌道どうしの相互作用は図 6.7 のようになる．$2p_z$ 軌道どうしは σ 軌道を形成し，$2p_x$ 軌道どうしおよび $2p_y$ 軌道どうしは π 軌道を形成する．図を見れば一目瞭然であるが，$2p_z$ 軌道どうしは $2p_x$ 軌道どうしおよび $2p_y$ 軌

図 6.7　2p 軌道どうしの相互作用

道どうしに比べ，軌道の重なりが大きい．つまり，相互作用が大きいため，分裂幅が大きくなる．したがって，各分子軌道のエネルギー準位は図 6.5 に示すようになる．$2p_x$ 軌道と $2p_y$ 軌道は等価な軌道で，$2p_x$ 軌道どうしと $2p_y$ 軌道どうしの相互作用も同じであるから，形成される π 軌道も縮退している．

実際に，第 2 周期元素の等核二原子分子を見てみよう．

◆ Li_2

リチウム原子の電子配置は $(1s)^2(2s)^1$ である．図 6.5 を用いて計 6 個の電子を詰めていくと，結合性分子軌道である $1\sigma_g$ 軌道と反結合性分子軌道である $1\sigma_u$ 軌道にそれぞれ 2 個の電子がスピンを反平行にして入り，残り 2 個の電子は，次に安定な結合性分子軌道 $2\sigma_g$ 軌道にスピンを反平行にして入る．したがって，Li_2 の電子配置は $(1\sigma_g)^2(1\sigma_u)^2(2\sigma_g)^2$ である．先ほど述べたように，第 2 周期元素になると 1s 軌道どうしの相互作用が非常に小さいので，$1\sigma_g$ 軌道や $1\sigma_u$ 軌道は，実質的には 1s 軌道と同じとみなせる．そこで，これらは K 殻に電子が入っている状態と変わらないので，$KK(2\sigma_g)^2$ と表記することもある．このときの結合次数を計算すると 1 となり，単結合であることがわかる．また，HOMO は $2\sigma_g$ 軌道であり，LUMO は $2\sigma_u$ 軌道である．

◆ Be_2

ベリリウム原子の電子配置は $(1s)^2(2s)^2$ である．Be_2 は Li_2 より電子が 2 個多い．したがって，6 個の電子配置は Li_2 と同様である．残りの 2 個は次のレベルの分子軌道である $2\sigma_u$ 軌道にスピンを反平行にして入る．すると，He_2 を考えたときと同様に結合次数が 0 となり，結合形成は期待できない．

◆ B_2

次はホウ素である．ホウ素原子の電子配置は $(1s)^2(2s)^2(2p)^1$ である．図 6.5 を用いてホウ素分子の計 10 個の電子を詰めていく．結合形成は期待できないが，Be_2 を考えたとき，$2\sigma_u$ 軌道まで充填された．さらに 2 個の電子を入れることになるので，$3\sigma_g$ 軌道に電子が 2 個入る．実は，この電子配置では実験事実をうまく説明できない．どういうことかというと，実験では，この分子は常

87

磁性であることがわかっているのである．しかし，いま，考えた電子配置では不対電子がないため，反磁性となるはずなのである．

ここで思い出したいのは，軌道間の相互作用が無視できるほど，1s，2s，2p軌道のエネルギー差があると仮定して，図6.5の分子軌道の形成を考えたことである．この仮定が間違っていたとしたら，どうであろうか．つまり，2s軌道と2p軌道のエネルギー差が小さく，これらの間の相互作用を考慮する必要がある場合に分子軌道がどうなるかを考えてみよう．いま，結合軸をz軸とすれば，三重に縮退している2p軌道のうち，2s軌道と相互作用が可能なのは$2p_z$軌道のみである．すなわち，結合性分子軌道の$2\sigma_g$軌道と$3\sigma_g$軌道の間の相互作用により，$2\sigma_g$軌道は押し下げられ，$3\sigma_g$軌道は押し上げられる．同様に，反結合性分子軌道の$2\sigma_u$軌道と$3\sigma_u$軌道の間の相互作用により，$2\sigma_u$軌道は押し下げられ，$3\sigma_u$軌道は押し上げられる．その結果，この相互作用の大きさ次第では，$3\sigma_g$軌道が$1\pi_u$軌道よりもエネルギー的に不安定になり，図6.8の青い矢印で示したようになることが考えられる．ここでは，図6.5のモデルを一次相互作用モデル，図6.8の青い矢印で示した方向に軌道が移動したモデルを二次相互作用モデルと呼ぶことにする．

二次相互作用モデルについて以下のように考えてもよい．図6.9のように，2s軌道と$2p_z$軌道の相互作用が考えられるので，2s軌道は$2p_z$軌道との相互作用により，本来のエネルギー準位よりも安定な位置にある．このような$2p_z$軌道の影響を受けた2s軌道どうしが相互作用するので，$2\sigma_g$軌道と$2\sigma_u$軌道はエネルギー的に安定になる．同様に，$2p_z$軌道は2s軌道との相互作用により，本来のエネルギー準位よりも不安定な位置にあり，これらが相互作用するので，$3\sigma_g$軌道と$3\sigma_u$軌道はエネルギー的に不安定になる．

さて，この二次相互作用モデルでB_2の分子軌道を考えると，電子配置は$(1\sigma_g)^2(1\sigma_u)^2(2\sigma_g)^2(2\sigma_u)^2(1\pi_u)^2$となる．$1\pi_u$軌道は二重に縮退した軌道なので，フントの規則により，2個のπ軌道にスピンを平行にして電子が1個ずつ入る．すなわち，不対電子が2個存在するため常磁性を示すことが示唆され，実験結果と一致する．したがって，磁性に関する実験から判断する限り，B_2の分子軌道に関して，二次相互作用モデルで考えたほうがよさそうである．結合次数は1となり，HOMOは$1\pi_u$軌道，LUMOは$3\sigma_g$軌道である．

第6章 等核二原子分子の分子軌道

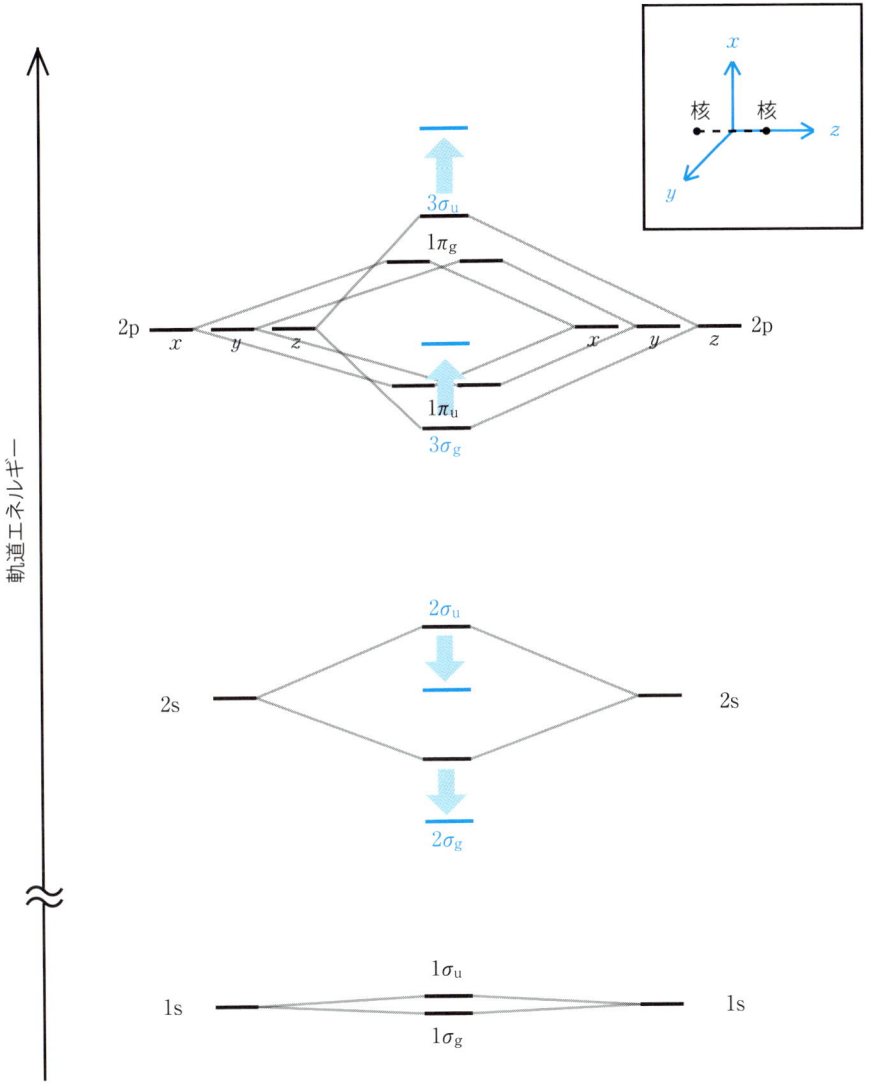

図6.8 第二周期元素の等核二原子分子の分子軌道
(一次相互作用モデルと二次相互作用モデル)

二次相互作用モデルでは青い矢印で示した方向に軌道が移動する結果,$3\sigma_g$軌道と$1\pi_u$軌道の逆転が起こりうる.

89

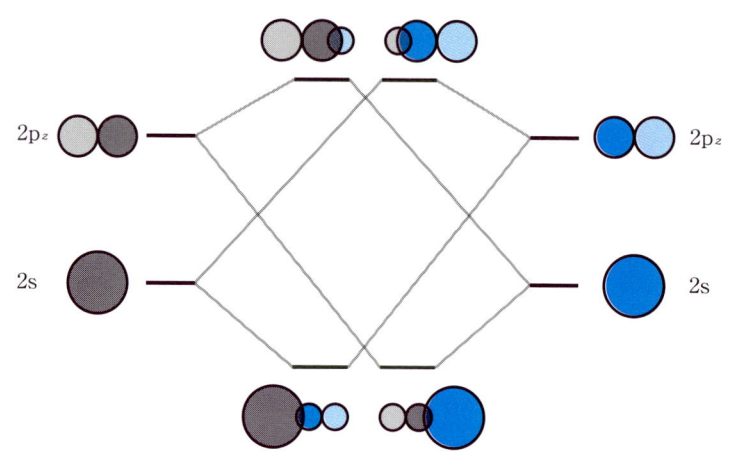

図 6.9　2s 軌道と 2p$_z$ 軌道の相互作用

◆ C$_2$

次に炭素の二原子分子 C$_2$ について考えよう．B$_2$ より 2 個電子が増え，計 12 個の電子を詰めることになる．一次相互作用モデルを用いると，電子配置は $(1\sigma_g)^2(1\sigma_u)^2(2\sigma_g)^2(2\sigma_u)^2(3\sigma_g)^2(1\pi_u)^2$ となり，不対電子が 2 個存在し，常磁性であることが期待される．一方，二次相互作用モデルを用いると，電子配置は $(1\sigma_g)^2(1\sigma_u)^2(2\sigma_g)^2(2\sigma_u)^2(1\pi_u)^4$ となり，不対電子はないので反磁性であることが期待される．実際には C$_2$ は反磁性であり，実験結果は二次相互作用モデルを支持している．したがって，HOMO は $1\pi_u$ 軌道，LUMO は $3\sigma_g$ 軌道である．

また，結合次数は 2 と計算され，C$_2$ は二重結合であることがわかる．

◆ N$_2$

次は，窒素分子 N$_2$ について考えよう．C$_2$ より 2 個電子が増え，計 14 個の電子を詰めることになる．一次相互作用モデルを用いると，電子配置は $(1\sigma_g)^2(1\sigma_u)^2(2\sigma_g)^2(2\sigma_u)^2(3\sigma_g)^2(1\pi_u)^4$ となり，二次相互作用モデルを用いると，電子配置は $(1\sigma_g)^2(1\sigma_u)^2(2\sigma_g)^2(2\sigma_u)^2(1\pi_u)^4(3\sigma_g)^2$ となる．$3\sigma_g$ と $1\pi_u$ のエネルギー準位の違いはあるが，どちらの軌道も満員なので，不対電子はないため反磁性であることが期待される．実験でも反磁性であり，矛盾はないが，一次相互作用モデルと二次相互作用モデルのどちらが正しいエネルギー準位なのか，

このままではわからない.軌道エネルギーを理論的に計算によって求めることも可能であり,こうした理論計算によれば,$1\pi_u$ 軌道のほうが $3\sigma_g$ 軌道よりわずかにエネルギー的に不安定であるという結果が得られる.一方,光電子スペクトルの測定により,実験的にエネルギー準位を議論することもできる.この実験結果では,理論計算とは逆で,$3\sigma_g$ 軌道のほうが $1\pi_u$ 軌道よりエネルギー的に不安定である.$3\sigma_g$ 軌道と $1\pi_u$ 軌道はエネルギー的に接近しており,どちらが HOMO なのか判断し難い.

また,結合次数は 3 と計算され,N_2 は三重結合であることがわかる.

◆ O_2

酸素分子 O_2 は N_2 より 2 個電子が増え,計 16 個の電子を詰めることになる.N_2 の場合と同様に,一次相互作用モデルと二次相互作用モデルで逆転する $3\sigma_g$ と $1\pi_u$ は電子が満員となり,どちらのモデルでも $1\pi_g$ 軌道に電子が 2 個入る.$1\pi_g$ 軌道は二重に縮退しているので,フントの規則によりこれらの π 軌道に,スピンを平行にして電子が 1 個ずつ入る.すなわち,不対電子が 2 個存在するため常磁性を示すことが示唆される.実験結果も常磁性である.N_2 の場合と同様に,磁性の測定だけでは $3\sigma_g$ 軌道と $1\pi_u$ 軌道の順番はわからないが,光電子スペクトルの実験や理論計算からは一次相互作用モデルが支持される.

したがって,O_2 の基底電子配置は $(1\sigma_g)^2(1\sigma_u)^2(2\sigma_g)^2(2\sigma_u)^2(3\sigma_g)^2(1\pi_u)^4(1\pi_g)^2$ となり,HOMO は $1\pi_g$ 軌道,LUMO は $3\sigma_u$ 軌道である.結合次数は 2 と計算され,O_2 は二重結合であることがわかる.

"一次相互作用モデルと二次相互作用モデル"

第二周期元素の二原子分子について順番に見てきたが,2p 軌道が関連するのは B_2 からである.B_2 および C_2 は二次相互作用モデル,N_2 はどちらのモデルでもよく,O_2 は一次相互作用モデルであることがわかった.ここで,**表 6.2** を見てほしい.2s 軌道と 2p 軌道のエネルギーを見てみると,原子番号が大きくなるにつれ,両者の差が大きくなっていることがわかる.これは,遮蔽効果の違いによるものである.つまり,B_2 ではホウ素原子の 2s 軌道と 2p 軌道のエネルギー差が 5 eV 程度しかないため,これらの軌道間の相互作用を考えな

表 6.2　原子軌道エネルギー ε の計算値 /eV

原子番号	元素	$-\varepsilon_{1s}$	$-\varepsilon_{2s}$	$-\varepsilon_{2p}$	$-\varepsilon_{3s}$	$-\varepsilon_{3p}$
1	H	13.606				
2	He	24.980				
3	Li	67.422	5.342			
4	Be	128.78	8.416			
5	B	209.40	13.461	8.433		
6	C	308.20	19.200	11.793		
7	N	425.29	25.723	15.445		
8	O	562.43	33.859	17.195		
9	F	717.92	42.790	19.864		
10	Ne	891.77	52.529	23.141		
11	Na	1101.5	76.110	41.310	4.955	
12	Mg	1334.2	102.52	62.099	6.884	
13	Al	1591.9	133.63	87.574	10.705	5.714
14	Si	1872.5	167.53	115.81	14.691	8.082
15	P	2176.1	204.38	146.97	18.950	10.656
16	S	2503.6	245.02	181.84	23.935	11.902
17	Cl	2853.9	288.66	219.66	29.201	13.783
18	Ar	3227.5	335.30	260.45	34.760	106.082

【出典】Hartree-Fock 法による；E. Clementi and C. Roetti, *Atomic Data and Nuclear Data Tables*, **14**, 177（1974）.

ければならず，二次相互作用モデルが適用されたわけである．原子番号が大きくなるにつれ，両者のエネルギー差が開いて軌道間の相互作用は無視できるようになり，一次相互作用モデルが適用されるようになるのである．一次相互作用モデルで説明される O_2 は，酸素原子の 2s 軌道と 2p 軌道のエネルギー差が 16 eV 以上もある．6.5.1 項「二原子分子の分子軌道の形成のルール」で，十数 eV 以上離れている場合は相互作用を考えなくてよい，とした．O_2 では，確かに十数 eV 以上離れている．一次相互作用モデルと二次相互作用モデルのどちらを適用するべきか判断が難しかった N_2 では，窒素原子の 2s 軌道と 2p 軌道のエネルギー差が 10 eV ちょっとであり，相互作用を考えるべきか，無視してもよいか，というボーダーは十数 eV と考えてよさそうである．

◆ F_2

フッ素分子 F_2 は，O_2 より 2 個電子が増えて計 18 個の電子を詰めることになる．表 6.2 の 2s 軌道と 2p 軌道のエネルギー差より，一次相互作用モデルを適用すればよい．したがって，基底電子配置は，$(1\sigma_g)^2(1\sigma_u)^2(2\sigma_g)^2(2\sigma_u)^2(3\sigma_g)^2(1\pi_u)^4(1\pi_g)^4$ となり，結合次数は 1，HOMO は $1\pi_g$ 軌道，LUMO は $3\sigma_u$ 軌道である．

◆ Ne_2

ネオンの二原子分子について考えると，F_2 より 2 個電子が増えて電子は計 20 個である．やはり，一次相互作用モデルを適用し，基底電子配置は，$(1\sigma_g)^2(1\sigma_u)^2(2\sigma_g)^2(2\sigma_u)^2(3\sigma_g)^2(1\pi_u)^4(1\pi_g)^4(3\sigma_u)^2$ となり，結合次数は 0 と計算される．したがって，He_2 同様に存在は期待できない．

6.5.4 結合の強さ

表 6.3 にホウ素，炭素，窒素の二原子分子の結合次数，結合エネルギー，結合距離をまとめた．表を見るとわかるように，結合次数が 2 倍，3 倍になると，結合エネルギーもほぼ 2 倍，3 倍になっていることがわかる．そして，結合エネルギーが大きくなると，結合距離が短くなることがわかる．このことからも，結合次数は結合の強さの粗い指標と考えてよさそうである．

表 6.3 B_2, C_2, N_2 の結合

分子	結合次数	結合エネルギー／eV	結合距離／nm
B_2	1	～3.0	0.159
C_2	2	6.36	0.124
N_2	3	9.90	0.109

問題

1. 二原子分子の分子軌道について考えるとき，原子軌道に対する結合性分子軌道の安定化エネルギーの大きさ（Δ_+）と反結合性分子軌道の不安定化エネルギーの大きさ（Δ_-）はほぼ等しいが，$\Delta_- > \Delta_+$ と考える．この妥当性について，H_2^+，H_2，He_2^+，He_2 の結合エネルギーの値を参考にして説明しなさい．

2. 酸素分子 O_2 の分子軌道は一次相互作用モデルが適用される．以下の問いに答えなさい．
    1) O_2 の電子配置を書きなさい．
    2) O_2 の HOMO は結合性軌道か反結合性軌道か．
    3) 磁性はどうなると考えられるか，その理由とともに答えなさい．
    4) O_2^+，O_2，O_2^- および O_2^{2-} の結合次数をそれぞれ求め，相対的な結合長と結合エネルギーがどうなると考えられるか，説明しなさい．
    5) 図のように，入り口が磁化されている容器があったとする．ここへ液体窒素や液体酸素を流し込むと，どうなると考えられるか．その理由とともに説明しなさい．

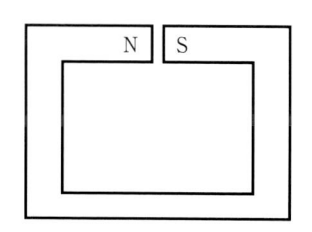

3. ホウ素分子 B_2 は常磁性を示すことが実験で確認されている．以下の問いに答えなさい．
    1) B_2 の電子配置を書きなさい．
    2) B_2 の結合次数を求めなさい．
    3) B_2 の結合はどの分子軌道に入っている電子によるものと考えられるか．

第7章 異核二原子分子の分子軌道

第6章では等核二原子分子についてみてきたが，この章では，異なる種類の原子が結合する異核二原子分子について考えていこう．

7.1 異核二原子分子の分子軌道

いくつかの異核二原子分子について分子軌道を考えてみよう．この際も，二原子分子の分子軌道を考えるときのルールに従えばよい．

◆ HCl

塩化水素 HCl について考えるには，構成する原子である水素原子 H と塩素原子 Cl の各原子軌道エネルギーがどの程度離れているかを考えなければならない．

表6.2 より水素原子の 1s 軌道エネルギーは $-13.606\,\mathrm{eV}$ であり，塩素原子の各原子軌道エネルギーは，1s 軌道，$-2853.9\,\mathrm{eV}$；2s 軌道，$-288.66\,\mathrm{eV}$；2p 軌道，$-219.66\,\mathrm{eV}$；3s 軌道，$-29.201\,\mathrm{eV}$；3p 軌道，$-13.783\,\mathrm{eV}$ である．塩素原子の 1s，2s，2p 軌道は水素原子の 1s 軌道ととてつもなく離れているので，この間の相互作用は考えなくてよい．また，塩素原子の 3s 軌道も水素原子の 1s 軌道と 16 eV ほど離れており，第6章で考察したように，この間の相互作用も無視してよいと考えることができる．一方，塩素原子の 3p 軌道と水素原子の 1s 軌道はエネルギー的に非常に近い．したがって，これらの軌道間では大きな相互作用がある．いま，結合軸を z 軸とすれば，$3p_x$，$3p_y$ 軌道は水素原子の 1s 軌道と相互作用しないので，考えなければならない相互作用は塩素原子の $3p_z$ 軌道と水素原子の 1s 軌道の相互作用だけである．軌道エネルギー準

位図を描くと，図7.1 のようになる．ここで，塩素原子の 1s，2s，2p，3s，$3p_x$，$3p_y$ 軌道は相互作用する軌道がないので，ほぼそのままの形で分子軌道になると考えてよい．σ軌道，π軌道の名前の付け方に注意して考えてみれば，図のようになることがわかるだろう．2p 軌道由来の分子軌道は，結合軸方向の $2p_z$ 軌道由来のものが σ 軌道，その他の $2p_x$，$2p_y$ 軌道由来の分子軌道が π 軌道となる．同様に，$3p_x$，$3p_y$ 軌道由来の分子軌道も π 軌道である．

塩素原子の $3p_z$ 軌道と水素原子の 1s 軌道の相互作用からなる分子軌道は σ

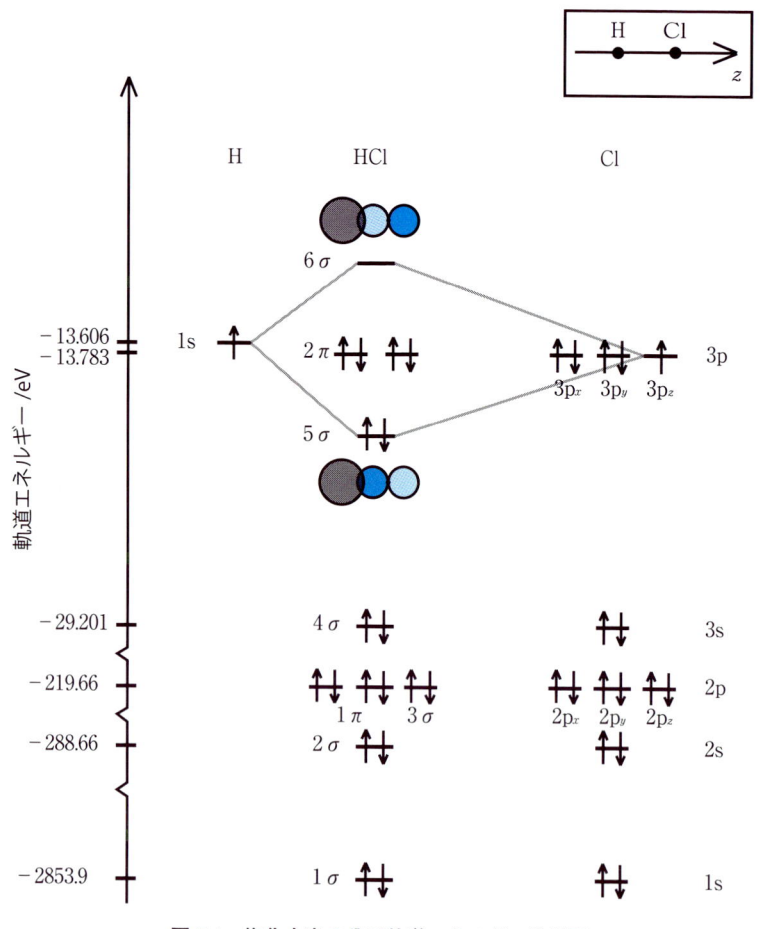

図7.1 塩化水素の分子軌道エネルギー準位図

軌道である．塩素原子は 3p 軌道に 5 個の電子があるわけであるが，エネルギー準位図を見ればわかるように，$3p_x$，$3p_y$ 軌道に 2 個ずつ，$3p_z$ 軌道に 1 個詰めるとよい．結局，塩化水素の電子配置は $(1\sigma)^2(2\sigma)^2(3\sigma)^2(1\pi)^4(4\sigma)^2(5\sigma)^2$ $(2\pi)^4$ ということになる．等核二原子分子の結合次数を求めた方法で形式的に結合次数を求めると 1 となり，この結合は 5σ 軌道によるものであるといえる．

◆ CN⁻，NO，CO など

シアン化物イオン CN⁻，一酸化窒素 NO，一酸化炭素 CO などについて考えてみよう．いままで同様に，まず，各構成原子の各原子軌道エネルギーがどの程度離れているかを見て，どの軌道間の相互作用を考えればよいかを検討する．表 6.2 で各原子軌道エネルギーを見てみよう．どの原子でも 1s 軌道はかなり離れているので，相互作用を考える必要がない．

シアン化物イオン CN⁻ では，各原子の 2s，2p 軌道が接近しており，これらの相互作用を考える必要がある．したがって，それぞれの 2s 軌道，2p 軌道の間にエネルギーのずれがあるものの，基本的には，等核二原子分子で考えたモデルに近いものになるであろう．軌道エネルギー準位図は**図 7.2** のように描くことができる．計 14 個の電子を詰めるので，電子配置は $(1\sigma)^2(2\sigma)^2(3\sigma)^2$ $(4\sigma)^2(1\pi)^4(5\sigma)^2$ ということになる．形式的な結合次数は 3 と計算され，いままで三重結合であると考えてきたことに一致する．

一酸化窒素 NO も同様に考えてよさそうである．しかし，等核二原子分子のときに，一次相互作用モデルと二次相互作用モデルでは $3\sigma_g$ 軌道と $1\pi_u$ 軌道の逆転があったように，5σ 軌道と 1π 軌道の逆転があるかもしれない．

一酸化炭素 CO では，どうだろうか．炭素原子 C の 2s 軌道と 2p 軌道および酸素原子 O の 2p 軌道は接近しており，これらの軌道間の相互作用を考える必要がある．一方，酸素原子 O の 2s 軌道は炭素原子 C の 2s 軌道と 14〜15 eV 程度のエネルギー差であり，相互作用を考えるかどうか，微妙なところである．相互作用を考えれば，シアン化物イオン CN⁻ や一酸化窒素 NO と同様に考えればよい．炭素原子 C の 2s 軌道は酸素原子 O の 2s 軌道とある程度離れていると考えるのであれば，酸素原子 O の 2s 軌道との相互作用は考えず，酸素原子 O の $2p_z$ 軌道と炭素原子 C の $2p_z$ 軌道の相互作用に炭素原子 C の 2s

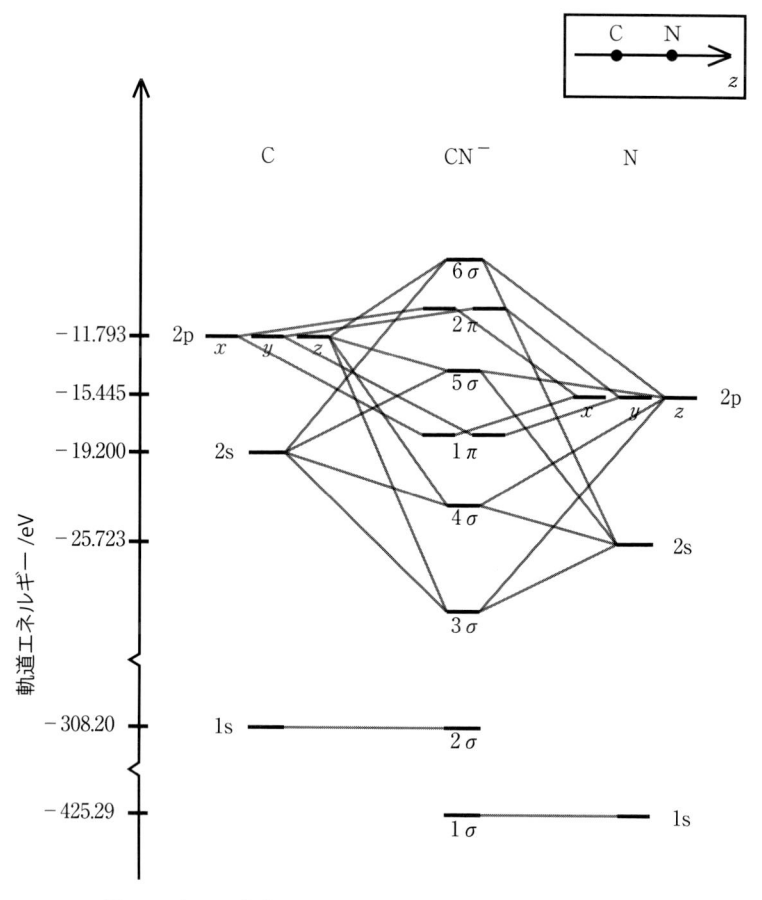

図7.2 シアン化物イオン CN⁻ の分子軌道エネルギー準位図

軌道が混ざった軌道を考えることになる．つまり，図7.3のように，3個の軌道間の相互作用を考えるのである．したがって，一酸化炭素 CO の軌道エネルギー準位図は図7.4のようになるであろう．このように，第6章で学んだ二原子分子の分子軌道を考えるときのルールに基づけば，原子の数が増えても分子軌道を求めることができる．しかし，シアン化物イオン CN⁻，一酸化窒素 NO，一酸化炭素 CO などで見たように，2個の原子間における相互作用を考えるだけでもかなり複雑になる．紙面上で考えるのは困難であるが，分子軌道の形や

第 7 章 異核二原子分子の分子軌道

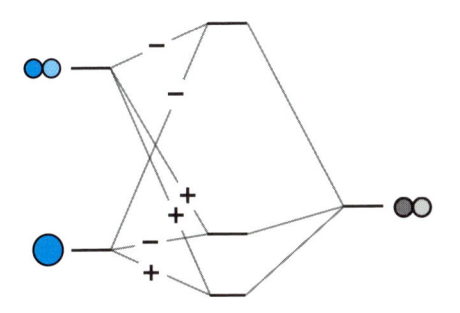

図 7.3　3 個の軌道の相互作用

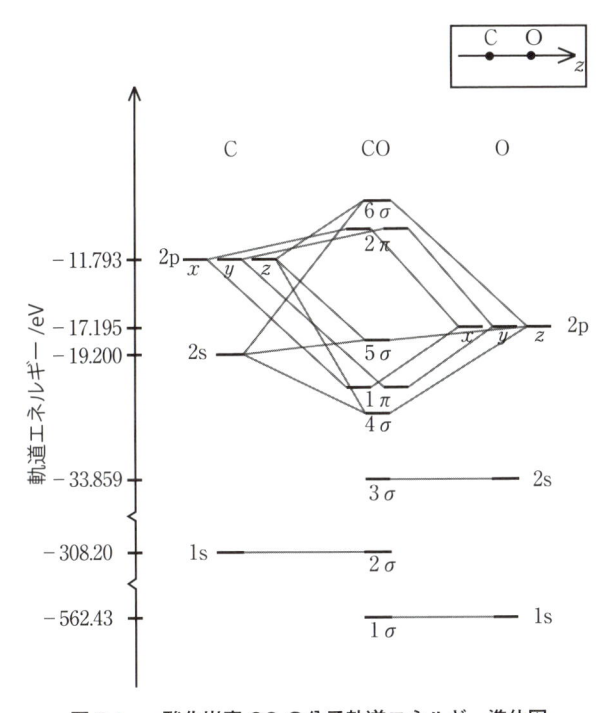

図 7.4　一酸化炭素 CO の分子軌道エネルギー準位図

軌道エネルギーを計算できるソフトが開発されている.

7.2 結合の極性

さて，異核二原子分子の分子軌道について考察してきたが，このような異なる原子間の結合では電荷に偏りが生じる．これは，元素によって電子を引っ張る強さが違うからである．このように，結合する原子間で電荷が偏ることを，結合の**分極**という．結合電子を引っ張る強さの尺度である**電気陰性度**と結合の分極に密接に関係する**電気双極子モーメント**について説明しておこう．

7.2.1 電気陰性度

結合している原子が結合電子を引きつける大きさを数値化したものを電気陰性度という．電子を強く引きつけるほど，電気陰性度の値は大きい．評価法はいくつかあるが，代表的なものは，ポーリング（L. C. Pauling）の電気陰性度とマリケン（R. S. Mulliken）の電気陰性度である．ポーリングは結合エネルギーにおけるイオン結合の寄与を考慮して，各原子の電気陰性度の値を求めた．マリケンは原子のイオン化エネルギーと電子親和力の平均を電気陰性度の尺度とした．マリケンの電気陰性度の値はポーリングの電気陰性度の値とほぼ比例関係にある．**表 7.1** にポーリングの電気陰性度の値を示す．

表 7.1 ポーリングの電気陰性度

H 2.1																
Li 1.0	Be 1.5	B 2.0										C 2.5	N 3.0	O 3.5	F 4.0
Na 0.9	Mg 1.2	Al 1.5										Si 1.8	P 2.1	S 2.5	Cl 3.0
K 0.8	Ca 1.0	Sc 1.3	Ti 1.5	V 1.6	Cr 1.6	Mn 1.5	Fe 1.8	Co 1.9	Ni 1.9	Cu 1.9	Zn 1.6	Ga 1.6	Ge 1.8	As 2.0	Se 2.4	Br 2.8
Rb 0.8	Sr 1.0	Y 1.2	Zr 1.4	Nb 1.6	Mo 1.8	Tc 1.9	Ru 2.2	Rh 2.2	Pd 2.2	Ag 1.9	Cd 1.7	In 1.7	Sn 1.8	Sb 1.9	Te 2.1	I 2.5
Cs 0.7	Ba 0.9	La-Lu 1.0-1.2	Hf 1.3	Ta 1.5	W 1.7	Re 1.9	Os 2.2	Ir 2.2	Pt 2.2	Au 2.4	Hg 1.9	Tl 1.8	Pb 1.9	Bi 1.9	Po 2.0	At 2.2
Fr 0.7	Ra 0.9	Ac 1.1	Th 1.3	Pa 1.4	U 1.4	Np-No 1.4-1.3										

【出典】L. Pauling, "*General Chemistry*", 3rd Ed., W. H. Freeman, San Francisco (1970).

> **コラム** ポーリングの電気陰性度とマリケンの電気陰性度

まず,ポーリングの電気陰性度の定義を説明しよう.2種類の原子A,Bの間では,A-A,A-B,B-Bの3種類の単結合が考えられるが,これらの結合エネルギーを$D(\mathrm{AA})$,$D(\mathrm{AB})$,$D(\mathrm{BB})$,各原子の電気陰性度を$\chi(\mathrm{A})$,$\chi(\mathrm{B})$とする.このとき,次式

$$|\chi(\mathrm{A})-\chi(\mathrm{B})| \propto \sqrt{D(\mathrm{AB})-\sqrt{D(\mathrm{AA})D(\mathrm{BB})}}$$

あるいは

$$|\chi(\mathrm{A})-\chi(\mathrm{B})| \propto \sqrt{D(\mathrm{AB})-\frac{D(\mathrm{AA})+D(\mathrm{BB})}{2}}$$

の関係ができるだけ多くの結合について満足されるように,各原子の電気陰性度χを定めたものが,ポーリングの電気陰性度である.一般に,異なる原子間の結合のほうが同じ原子間の結合よりも結合エネルギーが大きい.これは,イオン結合の寄与によるものである.つまり,

$$D(\mathrm{AB})-\sqrt{D(\mathrm{AA})D(\mathrm{BB})}$$

あるいは

$$D(\mathrm{AB})-\frac{D(\mathrm{AA})+D(\mathrm{BB})}{2}$$

の部分は,A-Bの結合エネルギーからA-AとB-Bの結合エネルギーの幾何平均を差し引いたものであることから,値が大きいほどイオン結合の寄与が大きいことになる.すなわち,結合電子を引っ張る強さの差が大きいことになる.

次に,マリケンの電気陰性度について説明しよう.マリケンは原子のイオン化エネルギーIと電子親和力Aの算術平均を電気陰性度と定義した.

$$\chi = \frac{I+A}{2}$$

イオン化エネルギー I と電子親和力 A がともに大きいほうが電気陰性度の値が大きくなる．イオン化エネルギー I が大きいほど電子を失いにくく，電子親和力 A が大きいほど電子を受け入れやすいのであるから，陽イオンになりにくく，陰イオンになりやすい（すなわち，結合電子を引っ張る強さが大きい）原子では電気陰性度の値が大きくなるということになる．

7.2.2 電気双極子モーメント

結合の分極の程度を定量的に示す物理量である電気双極子モーメントについて説明しよう．**図 7.5** のように，正の電荷 q と負の電荷 $-q$ が距離 r だけ離れて存在するような系を**電気双極子**という．負電荷から正電荷に向かう大きさ r のベクトルを $\vec{r}$ とすると，電気双極子モーメント $\vec{\mu}$ は

$$\vec{\mu} = q\vec{r} \tag{7.1}$$

と定義される．

電気双極子モーメントの単位としては，**D** または **debye**（どちらもデバイと発音する）という記号が使われる．次式の関係がある．

$$1\mathrm{D} = 10^{-10}\,\mathrm{esu} \times 10^{-8}\,\mathrm{cm} \tag{7.2}$$

電磁気学の単位系としては，SI 単位系の他に cgs 単位系で表されるいくつかの単位系がある．その一つが静電単位系であるが，この単位系では，電気素量は 4.803×10^{-10} esu と表される．また，分子における原子間の結合距離は Å オーダーなので，$1\text{Å} = 10^{-8}$ cm であることから，(7.2) 式のように定義すると都合がよいのである．D を SI 単位系で換算しておこう．電気素量 e は，SI 単位系では 1.602×10^{-19} C であるから，

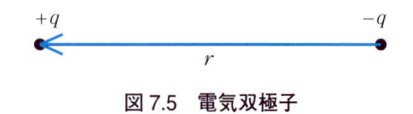

図 7.5 電気双極子

$$1\text{D} = \frac{1.602 \times 10^{-19}}{4.803} \times 10^{-8} \times 10^{-2} \text{ C m} \tag{7.3}$$
$$= 3.335 \times 10^{-30} \text{ C m}$$

と表される．

　二原子からなる分子の電気双極子モーメントは (7.1) 式で計算できるとして，原子数が増えた場合はどうしたらいいだろうか．次のように考えればよい．例えば，水分子の電気双極子モーメントについて見てみよう．水分子は図 7.6 のように折れ曲がった分子である (8.2 節)．表 7.1 でわかるように，酸素原子のほうが水素原子よりも電気陰性度が大きいので水分子の 2 個の OH 結合は図 7.6 のように分極していると考えられる．各 OH 結合に生じる電気双極子モーメントを黒い矢印で示した．このように分子内において結合する 2 個の原子間に生ずる電気双極子モーメントを**結合モーメント**という．分子全体のモーメントは結合モーメントを合成したものとみなすことができるので，水分子の電気双極子モーメントは青い矢印で表される．このように種々の結合モーメントの値がわかっていれば，それらを合成することで分子の電気双極子モーメントを推定することができる．実際には，分子の電気双極子モーメントは誘電率の温度変化を測定して求めることができる．

　等核二原子分子では電荷の偏りがないので，電気双極子モーメントは 0 になる．また，メタンや二酸化炭素などのように，対称性の高い分子も電気双極子モーメントは 0 になる．このように，電気双極子モーメントの値が 0 である分子を**無極性分子**と呼ぶ．これに対して，電気双極子モーメントの値が 0 でない

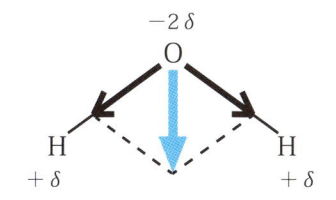

図 7.6　電気双極子モーメントと結合モーメント
黒い矢印が OH 結合の結合モーメント．
青い矢印が水分子の電気双極子モーメント．

分子を**有極性分子**と呼ぶ．

7.2.3 結合のイオン性

異核二原子分子について，7.1 節では LCAO-MO 法による分子軌道を考えてみた．言い換えれば，共有結合として考えたことになる．しかし，本節でみたように，異核二原子分子では，実際には結合の分極が起きている．ということは，イオン結合としてとらえる必要もあるわけである．このように，異核二原子分子は，共有結合とイオン結合の中間の性質を持っている．ここでは，異核二原子分子の結合における共有結合性とイオン結合性について考察してみよう．

例として，塩化水素 HCl を考えてみよう．HCl の電気双極子モーメントの実測値 μ は 1.109 D である．これに対し，HCl が完全にイオン性であるとしたとき，つまり，H$^+$Cl$^-$ と表されると仮定したときの電気双極子モーメントの値 $\mu°$ は，計算で求めることができる．HCl の核間距離は 0.1275 nm（= 1.275 × 10^{-8} cm）なので，

$$\mu° = 4.803 \times 1.275 \text{ D} \approx 6.124 \text{ D}$$

と計算できる．

すると，結合のイオン性は次式のように評価できる．

$$\frac{1.109}{6.124} \times 100 \approx 18.1\%$$

共有結合性は，

$$100 - 18.1 = 81.9$$

より 81.9% と計算される．

塩化水素 HCl は，想像していたよりもイオン性の割合が小さく，あまり分極していないことがわかる．H$^{+0.18}$Cl$^{-0.18}$ のような電荷分布であるといえる．

繰り返しになるが，塩化水素 HCl は共有結合とイオン結合の中間の性質を持っているのである．つまり，H−Cl 構造に若干 H$^+$Cl$^-$ 構造が寄与しているわけだ．これを，

$$\text{H}-\text{Cl} \longleftrightarrow \text{H}^+\text{Cl}^- \quad \text{あるいは，} \{\text{H}-\text{Cl}, \text{H}^+\text{Cl}^-\}$$

のように，表記することがある．H−Cl や H$^+$Cl$^-$ を**限界構造式**といい，このような状態を両式の間で**共鳴**しているという．これは，あるときは H−Cl の構造を取り，あるときは H$^+$Cl$^-$ の構造を取るということではなく，それぞれの限界構造式に対応する波動関数の重ね合わせで表現できる一つの状態であることを意味する．そして，このような考え方を**共鳴理論**という．

このように，異核二原子分子は，共有結合とイオン結合の両方の性質を持っているわけであるが，結合している原子間の電気陰性度の差とイオン結合性の関係をまとめたのが，**図 7.7** と**表 7.2** である．これを見ると，電気陰性度の差が 1.7 ぐらいを目安に，それより差が大きいときにはイオン結合性の割合が大きく，それより差が小さいときは共有結合性の割合が大きいとみなすことができる．

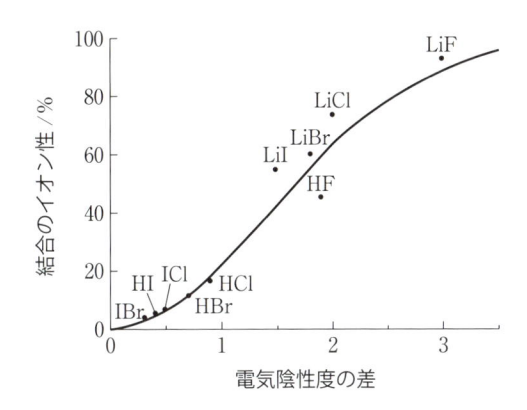

図 7.7　ポーリングの電気陰性度の差と結合のイオン性の関係

表 7.2　ポーリングの電気陰性度の差 Δχ と結合のイオン性 /%

Δχ	イオン性	Δχ	イオン性	Δχ	イオン性	Δχ	イオン性
0.2	1	1.0	22	1.8	55	2.6	82
0.4	4	1.2	30	2.0	63	2.8	86
0.6	9	1.4	39	2.2	70	3.0	89
0.8	15	1.6	47	2.4	76	3.2	92

【出典】L. Pauling, "*General Chemistry*", 3rd Ed., W. H. Freeman, San Francisco (1970).

問題

1. HF分子の結合が共有結合であると考えたとき，LCAO-MO法によりその分子軌道をエネルギー準位図を用いて示しなさい．

2. HF分子の電気双極子モーメントは1.827 D，平衡核間距離は0.917 Åである．結合のイオン性を求めなさい．

3. 以下の分子はそれぞれ，有極性分子か，無極性分子か．
   ①メタン　②水　③二酸化炭素　④アセチレン　⑤塩化水素
   ⑥酸素　⑦メタノール　⑧アンモニア

4. O−H結合の結合モーメントは，1.51 Dである．水分子の電気双極子モーメントを計算しなさい．ただし，水分子の結合角は104.5°である．

5. クロロベンゼンの電気双極子モーメントは1.55 Dである．この実験値からジクロロベンゼンの電気双極子モーメントを予測しなさい．ただし，C−H結合の双極子モーメントは無視すること．

第 8 章 分子の形

二酸化炭素は直線状の分子，ベンゼンは正六角形，メタンは正四面体，水は折れ曲がった形など，分子にはさまざまな構造がある．こうした分子の幾何学的な構造は理論的に説明できるのだろうか．この章では，分子の形を解釈するのに有用な混成軌道と VSEPR 法について学ぶ．

8.1 混成軌道

これまでは，異なる原子の原子軌道どうしが相互作用して新しい分子軌道を形成することで，原子間に結合ができるという考え方で結合を理解してきた．この章では，一つの原子の原子軌道どうしが相互作用することで新たな軌道——**混成軌道**——を形成し，その軌道が他の原子の軌道と相互作用して結合を形成するという考え方で結合を理解する．混成軌道の考え方は分子の幾何学的構造を理解する際に大変有用である．

8.1.1 sp^3 混成軌道

メタン CH_4 は大変対称性のよい分子で，**図 8.1** (a) のように，正四面体の中心に炭素原子があり，4 個の頂点に水素原子が位置している構造をとる．図 8.1 (b) に示すように，座標の原点に炭素原子をとると，立方体の青い丸印をつけた 4 箇所に水素原子が存在する形をしている．各 C–H の長さは等しく，各 ∠HCH も等しい．つまり，4 個の水素原子は等価である．この形について考えてみよう．

炭素原子の基底電子配置は $(1s)^2(2s)^2(2p)^2$，水素原子の基底電子配置は $(1s)^1$ である．スピンまで考慮して示すと以下のようになる．このような表記

(a)　　　　　　　　　(b)

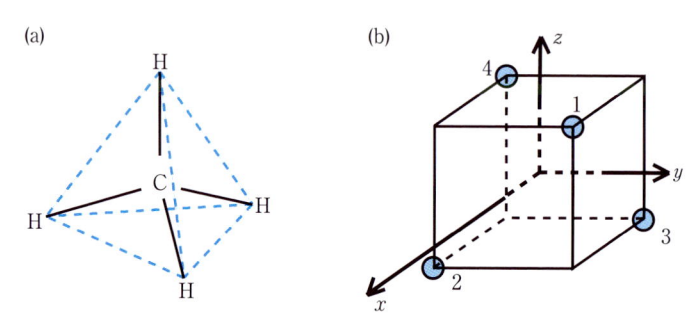

図 8.1　メタンの四面体構造

をセル・モデルという．

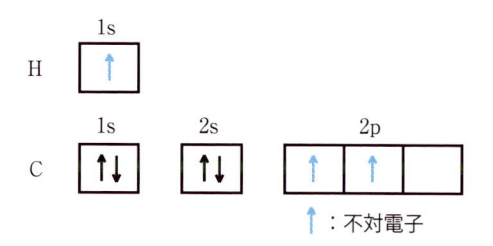

H: 1s ↑

C: 1s ↑↓　2s ↑↓　2p ↑ ↑ □

↑：不対電子

　炭素原子は不対電子を2個持っているので，同じく不対電子である水素原子の1s電子と共有電子対を成し，C–H結合を形成することができる．しかし，炭素原子には不対電子が2個しかないため，2本のC–H結合しか形成できない．また，$2p_x$, $2p_y$, $2p_z$軌道は互いに直交しているため，∠HCHも90°である．したがって，下記のような構造となってしまい，結合の数も角度もまったく説明できない．

　　　H
　　　|
　　C—H

　そこで，炭素原子に結合の手（不対電子）を増やすために，2s軌道の電子の1個を2p軌道に移動させる．これを**昇位**という．もちろん，エネルギー的には基底電子配置のほうが安定である．このように，基底状態よりエネルギー

108

の高い状態を**励起状態**といい，その電子配置を**励起電子配置**という．昇位には，当然，エネルギーを要する．しかし，結合形成することにより大きく安定化すれば，昇位に要したエネルギーを取り返すことができるので，採算がとれるのである．

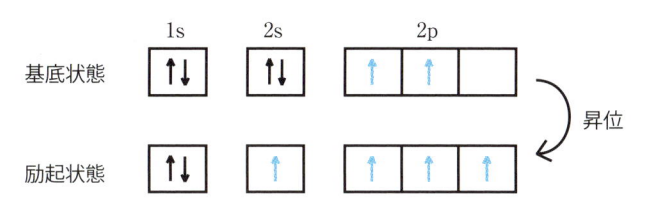

それでは，この励起状態なら，メタンの幾何学的構造を説明できるだろうか．上図を見ればわかるように，炭素原子の不対電子は4個であるので，1s電子に不対電子を持つ水素原子が4個やってくれば，4本のC–H結合を形成できる．これで，結合の数についてはクリアーした．しかし，ここで問題なのは角度である．4個の炭素原子の不対電子は1個が2s軌道，残りの3個が2p軌道にある．s軌道は球対称であるから方向性がないし，3個の2p軌道は互いに90°をなすので，やはり，正四面体の幾何学的な構造を説明することができない．

幾何学的構造を説明するための解決策を見いだしたのは，ポーリング（L. Pauling）である．その解決策とは，一つの原子における原子軌道どうしを相互作用させることで新たな軌道—混成軌道—を形成するという手法である．今回の場合には，炭素原子の2s軌道と3個の2p軌道の線形結合から新しい4個の軌道を作るのである．

原子は孤立しているときには，エネルギーの最も低い安定な状態，基底状態になっているが，分子を構成するときには基底状態よりもエネルギーの高い状態を経由してから，エネルギー的に安定な分子を形成すると考える．このエネルギーの高い仮想的な状態を**原子価状態**と呼ぶ．

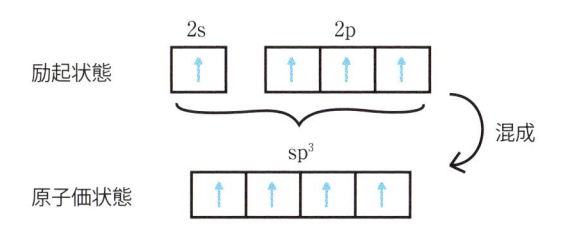

このように，一つの原子において異なる原子軌道が線形結合をすることを**混成**といい，それにより生じた軌道を混成軌道と呼ぶ．この混成軌道は1個のs軌道と3個のp軌道からなるので，**sp^{3}混成軌道**という．

式で表現すると，4個の軌道は（8.1）式で表される．

$$\begin{aligned}\psi_1 &= \frac{1}{2}(s + p_x + p_y + p_z)\\ \psi_2 &= \frac{1}{2}(s + p_x - p_y - p_z)\\ \psi_3 &= \frac{1}{2}(s - p_x + p_y - p_z)\\ \psi_4 &= \frac{1}{2}(s - p_x - p_y + p_z)\end{aligned} \qquad (8.1)$$

これらの4個の軌道は形も大きさもエネルギー準位もまったく同じであり，互いに等価である．形は，図 8.2 (a) のような形をしている．方向は，図 8.1 (b) の原点から，青い丸印をつけた方向に向かっている．つまり，各 C–H 結合軸方向であり，図 8.2 (b) に示すようになっている．灰色で示した水素原子の 1s 軌道と結合を形成することができ，メタンの幾何学的構造を説明することができる．

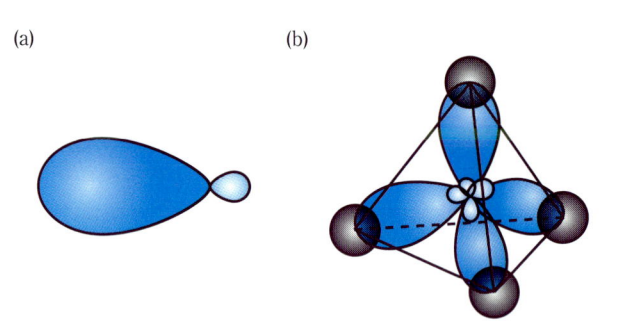

図 8.2 sp^3 混成軌道

8.1.2 sp^2 混成軌道

エチレン C$_2$H$_4$ について見てみよう．エチレンは平面状の分子で，右に示すような構造をしており，∠HCH は 120° に近いが，若干小さい値を示す．各 C

第 8 章　分子の形

$$\begin{array}{c} H \quad\quad H \\ \diagdown \quad\diagup \\ C = C \\ \diagup \quad\diagdown \\ H \quad\quad H \end{array}$$

−H の長さも 2 個の ∠HCH も等しく，4 個の水素原子は等価である．この構造について考えてみよう．メタンの場合と同様に炭素原子の基底電子配置では説明できないので，同じように 2s 軌道の電子のうち 1 個を 2p 軌道に昇位させる．

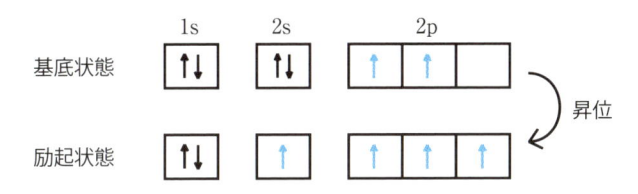

しかし，メタンの場合同様，角度が説明できないので混成軌道を考えてみよう．エチレンは平面分子なので，この平面を xy 平面としよう．2s, $2p_x$, $2p_y$ の 3 個の軌道の線形結合を考える．今回の場合には，1 個の s 軌道と 2 個の p 軌道からなるので，**sp² 混成軌道**という．こうしてできた sp² 混成軌道は，形も大きさもエネルギー準位もまったく同じであり，互いに等価な軌道である．式で表現すると，(8.2) 式で表される．

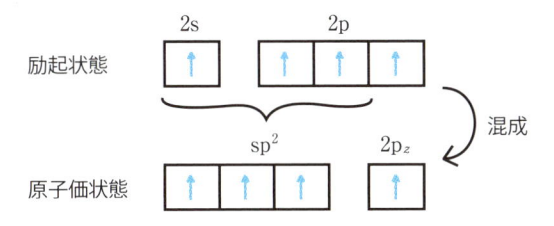

$$\begin{aligned}\psi_1 &= \frac{1}{\sqrt{3}}\mathrm{s} + \sqrt{\frac{2}{3}}\mathrm{p}_x \\ \psi_2 &= \frac{1}{\sqrt{3}}\mathrm{s} - \frac{1}{\sqrt{6}}\mathrm{p}_x + \frac{1}{\sqrt{2}}\mathrm{p}_y \\ \psi_3 &= \frac{1}{\sqrt{3}}\mathrm{s} - \frac{1}{\sqrt{6}}\mathrm{p}_x - \frac{1}{\sqrt{2}}\mathrm{p}_y\end{aligned} \tag{8.2}$$

形は，図 8.3 (a) のような形をしている．方向は，図 8.3 (b) のように，互いに 120° をなす方向に張り出した格好をしている．つまり，エチレンの各結合軸方向に一致する．2 個の炭素原子において，図 8.3 (b) のように，それぞれの炭素原子の x 軸方向に張り出している軌道が重なり合って結合性の分子軌道を形成する．残りの混成軌道は，灰色で示した水素原子の 1s 軌道と結合を形成することができ，エチレンの平面骨格を説明することができる．これらの結合は **σ 結合**である．ここで思い出してほしいのは，sp² 混成軌道を作る際に混成に関わらなかった $2\mathrm{p}_z$ 軌道があることである．$2\mathrm{p}_z$ 軌道には，電子が 1 個入った状態となっている．$2\mathrm{p}_z$ 軌道は，分子平面（xy 平面）に直交した軌

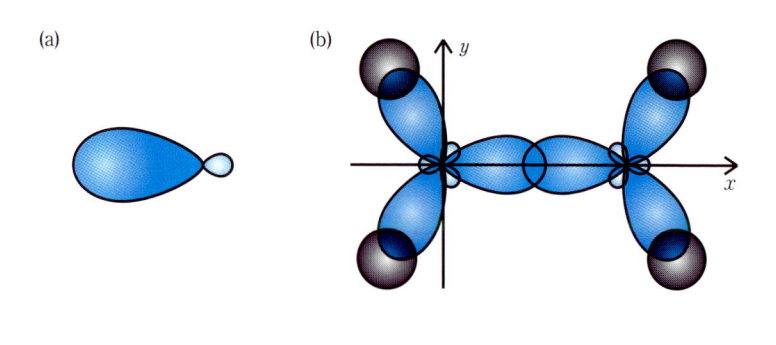

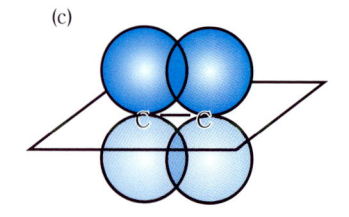

図 8.3　sp² 混成軌道

道であるので，図 8.3（c）のように，2 個の $2p_z$ 軌道が相互作用して，π 軌道を形成することができる．したがって，炭素原子間には 1 個の σ 結合と 1 個の **π 結合**による 2 個の結合がある．これで，エチレンの炭素間の結合が二重結合であることが説明できる．

実験により，エチレンの C–C 軸まわりは回転しないことがわかっている．すなわち，エチレン分子を平面上に保つほど，π 結合ががっちりとしているといえる．

8.1.3 sp 混成軌道

アセチレン C_2H_2 は下に示すように直線状の分子である．2 本の C–H の長さは等しく，2 個の水素原子は等価である．この幾何学的構造について見てみよう．

$$H-C\equiv C-H$$

メタンやエチレンと同様に，炭素原子の基底電子配置でも励起電子配置でも，その構造を説明することができないので，混成軌道を考えよう．アセチレンは直線状の分子なので，結合軸を z 軸とすると，2s 軌道と $2p_z$ 軌道を線形結合すれば，z 軸を対称軸とする混成軌道ができる．これは 1 個の s 軌道と 1 個の p 軌道からなるので，**sp 混成軌道**という．こうしてできた sp 混成軌道は形も大きさもエネルギー準位もまったく同じであり，互いに等価な軌道である．式で表現すると，(8.3) 式で表される．形は，**図 8.4**（a）のような形をしている．図 8.4（b）のように，対称軸が z 軸上にあり，互いに 180° をなす方向に張り出した格好をしている．つまり，アセチレンの各結合軸方向に一致している．2 個の炭素原子において，図 8.4（b）のように，それぞれの炭素原子の sp 混

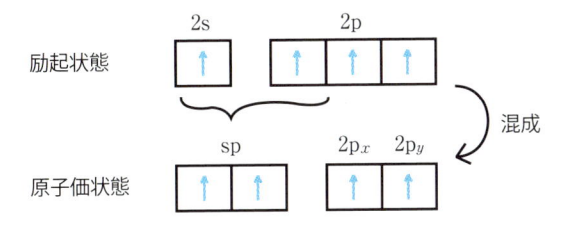

$$\psi_1 = \frac{1}{\sqrt{2}}(s+p_z)$$
$$\psi_2 = \frac{1}{\sqrt{2}}(s-p_z)$$
(8.3)

成軌道が重なり合って結合性の分子軌道を形成するので，炭素間にσ結合ができる．残りの混成軌道が，灰色で示した水素原子の1s軌道と重なり合ってσ結合を形成することができ，アセチレン分子が直線状になることを説明できる．さて，sp混成軌道を作る際に，混成に関わらなかった軌道が2個ある．$2p_x$軌道と$2p_y$軌道である．どちらの軌道も電子が1個ずつ入った状態である．図8.4（c）のように，2個の$2p_x$軌道どうしが相互作用してπ軌道を形成することができる．同様に，2個の$2p_y$軌道どうしも相互作用してπ軌道を形成する．したがって，炭素原子は1個のσ結合と2個のπ結合によって結合している．これで，アセチレンの炭素間の結合が三重結合であることが説明できる．

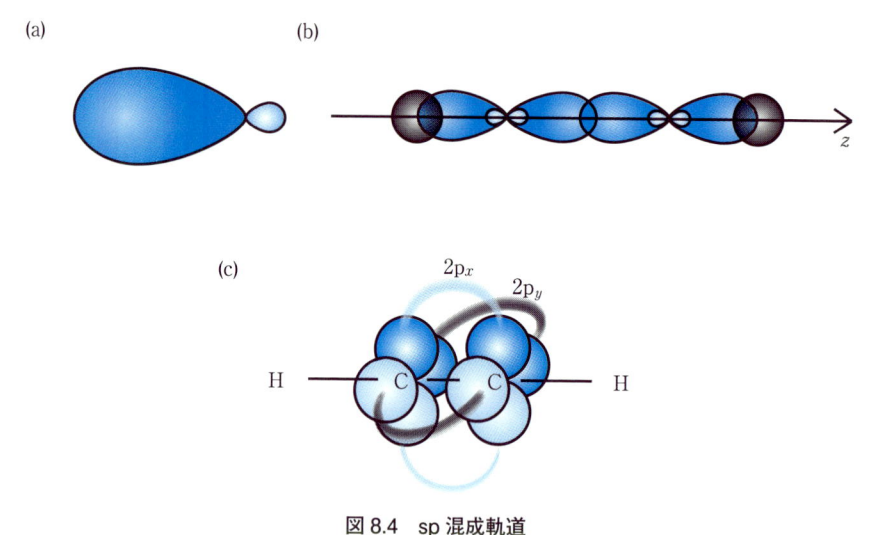

図 8.4 sp 混成軌道

8.1.4　sp³d² 混成軌道

s 軌道と p 軌道からなる混成軌道を見てきたが，d 軌道も混ざった混成軌道もある．六フッ化硫黄 SF_6 について考えてみよう．SF_6 は正八面体型の非常に対称性の高い分子である．図 8.5 に示すように，正八面体の中心に硫黄原子があり，6 個の頂点にフッ素原子が位置している．硫黄原子の基底電子配置は $(1s)^2(2s)^2(2p)^6(3s)^2(3p)^4$，フッ素原子の基底電子配置は $(1s)^2(2s)^2(2p)^5$ である．セル・モデルで表せば，以下のようになる．

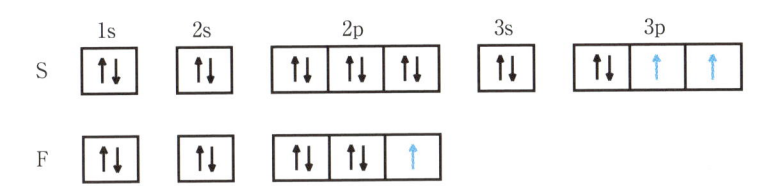

S 原子の基底状態では，不対電子が 2 個しか存在しないので 2 個の F 原子としか結合できない．そこで，結合の手を 6 本にするために，1 個の 3s 電子と 1 個の 3p 電子を 3d 軌道に昇位させて，次頁のような励起電子配置にする．しかし，このままでは幾何学的な構造を説明することはできない．そこで，3s 軌道，3 個の 3p 軌道，2 個の 3d 軌道を混成させて，**sp³d² 混成軌道**をつくる．ここで，混成に参加する 3d 軌道は，その方向性から考えて $3d_{z^2}$ と $3d_{x^2-y^2}$ である．これらの軌道は，(8.4) 式で示される等価な軌道で，図 8.6 に示すように，その方向はちょうど八面体の中心から頂点の方向に張り出した格好をしている

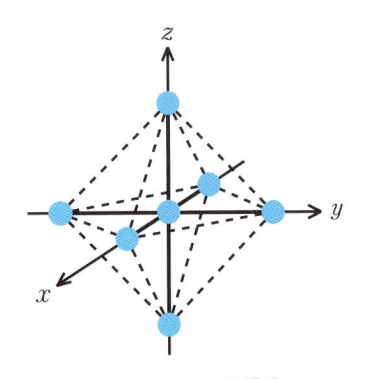

図 8.5　正八面体構造

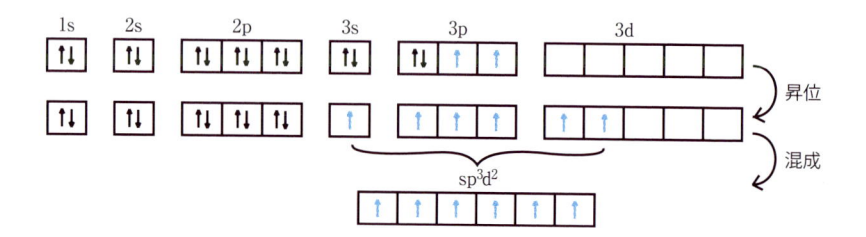

$$\begin{aligned}
\psi_1 &= \frac{1}{\sqrt{6}}s + \frac{1}{\sqrt{2}}p_z + \frac{1}{\sqrt{3}}d_{z^2} \\
\psi_2 &= \frac{1}{\sqrt{6}}s - \frac{1}{\sqrt{2}}p_z + \frac{1}{\sqrt{3}}d_{z^2} \\
\psi_3 &= \frac{1}{\sqrt{6}}s + \frac{1}{\sqrt{2}}p_x + \frac{1}{\sqrt{12}}d_{z^2} + \frac{1}{2}d_{x^2-y^2} \\
\psi_4 &= \frac{1}{\sqrt{6}}s - \frac{1}{\sqrt{2}}p_x + \frac{1}{\sqrt{12}}d_{z^2} + \frac{1}{2}d_{x^2-y^2} \\
\psi_5 &= \frac{1}{\sqrt{6}}s + \frac{1}{\sqrt{2}}p_y + \frac{1}{\sqrt{12}}d_{z^2} - \frac{1}{2}d_{x^2-y^2} \\
\psi_6 &= \frac{1}{\sqrt{6}}s - \frac{1}{\sqrt{2}}p_y + \frac{1}{\sqrt{12}}d_{z^2} - \frac{1}{2}d_{x^2-y^2}
\end{aligned} \tag{8.4}$$

図 8.6 sp^3d^2 混成軌道

のである．したがって，この混成軌道の対称軸とフッ素原子の 2p 軌道の対称軸が同じになれば，軌道が重なり合い，結合を形成することができる．このように考えれば，SF_6 が正八面体構造であることを説明できる．

8.2 孤立電子対の影響

水分子 H_2O は折れ曲がった構造をしている．中心原子である酸素の基底電子配置は $(1s)^2(2s)^2(2p)^4$ であり，2p 軌道に 2 個の不対電子を持つ．したがって，水素原子の 1s 電子と共有電子対を成し，結合を形成することができる．2p 軌道は直交しているので，図 8.7 のような軌道の重なりを考えれば，∠HOH は 90° をなすと考えられる．しかし，∠HOH は 104.5° 程度であり，むしろ，正四面体構造のメタンの結合角（∠HCH）109° に近い．これは，なぜなのだろう．酸素は 16 族の元素であり，同じ 16 族元素も同様の基底電子配置であるから水素化物を作ることができるが，これらの結合角は 90° に非常に近い値を示す．したがって，これらの水素化物は図 8.7 のように，純粋な p 軌道を用いて水素原子と結合していると考えられる．なぜ，水だけ，構造が異なるのだろうか．

H_2S ∠HSH = 92°

H_2Se ∠HSeH = 91.0°

H_2Te ∠HTeH = 89.3°

それは，酸素原子の電気陰性度が大きいことによる．表 7.1 と表 7.2 より，水素原子と中心原子の電気陰性度の差およびそのイオン性は**表 8.1** のようになる．硫黄，セレン，テルルと水素原子の間にはほとんどイオン性がないのに対し，酸素原子と水素原子の結合では，イオン性が 39% もあるのである．そのため，図 8.8 に示すように，2 個の水素原子の電荷はそれぞれ +0.4 程度，酸

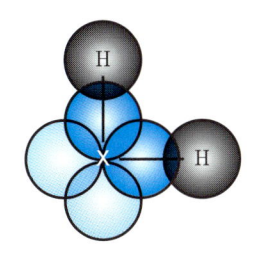

図 8.7 H_2X (X=S, Se, Te) の結合

表8.1 水素原子と中心原子の電気陰性度の差 $\Delta \chi$ とイオン性／%

中心原子	$\Delta \chi$	イオン性
O	1.4	39
S	0.4	4
Se	0.3	2.5
Te	0	0

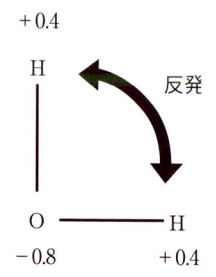

図8.8 水分子における水素原子どうしの反発

素原子の電荷は -0.8 程度となり，2個の水素原子はクーロン反発により反発し合う．その結果，∠HOH は押し広げられて，90°より大きくなるのである．反発を避けるのであれば 180° まで広がるはずであるが，そこまでにはならない．これは，次のように説明することができる．クーロン反発により結合角が広がると，酸素原子の 2s 軌道と 2p 軌道が混成し，徐々に sp^3 混成軌道に近づいていく．水素原子の 1s 軌道との重なりを考えると，酸素原子の純粋な p 軌道との重なりよりも sp^3 混成軌道に近づいた軌道との重なりのほうが大きく，結合も強固になる．それなら，結合角は 109° ぐらいになると考えられるが，実際の角度はそれよりも小さい．ここで，酸素原子の電子配置を見てみると，以下のようになっている．sp^3 混成軌道には 2 個の不対電子があり，これらは

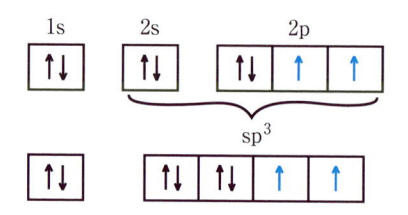

第 8 章　分子の形

水素原子の 1s 電子と結合して，**結合電子対**を形成する．sp³ 混成軌道には，2 個の不対電子のほかに，結合には関与しない 2 組の電子対がある．このように，価電子の中で，結合には用いられない電子対を**非共有電子対**，あるいは**孤立電子対**，**ローンペア**と呼ぶ．ところで，電子は負の電荷を持っているので，正電荷どうしの水素原子にクーロン反発が働くように，電子どうしでもクーロン反発が働く．結合電子対にも孤立電子対にもクーロン反発が働くが，その反発力には以下のような関係がある．なお，結合電子対を bp (bonding electron pair)，孤立電子対を np (nonbonding electron pair) と表す．

$$np - np > np - bp > bp - bp$$

この反発力の違いは，電子雲の広がりの違いで説明できる．つまり，結合電子対に比べて孤立電子対では電子雲の空間的な広がりが大きいため，孤立電子対どうしの反発が一番大きくなるのである．水分子は，図 8.9 のように sp³ 混成軌道をとるわけであるが，この電子対どうしの反発力の違いにより，∠HOH は 109° よりも少し小さい角度で落ち着くのである．

アンモニア NH_3 の結合角も sp³ 混成の場合の結合角に近い．中心原子である窒素原子の基底電子配置は，$(1s)^2(2s)^2(2p)^3$ であり，2p 軌道に 3 個の不対電子を持つ．したがって，水素原子の 1s 電子と共有電子対を成し，3 本の NH 結合を形成することができる．N 原子の純粋な 2p 軌道と水素原子の 1s 電子の結合であれば，∠HNH は 90° をなすはずであるが，実際には 106.7° であり，正四面体構造に近い．窒素原子と同じ 15 族の元素であるリン P やヒ素 As も

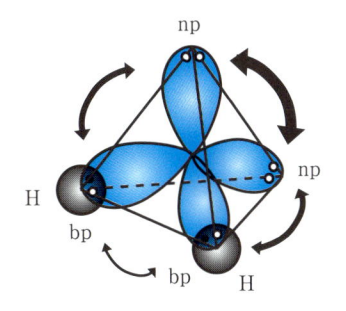

図 8.9　水分子の電子対どうしの反発

水素化物を作ることができるが，これらの結合角は 90°に非常に近い値を示し，純粋な p 軌道を用いて水素原子と結合していると考えられる．これも，水分子の場合と同様に説明することができる．さらに，アンモニアの∠HNH は 106.7°であり，水分子の∠HOH，104.5°よりも若干大きい値を取っている．これも，電子対間の反発力の大きさの違いで説明することができる（章末の問題 2）．

8.3　VSEPR 法

前節まで見てきたように，混成軌道は分子の形を理解するうえで大変有用な方法であるといえる．また，8.2 節で見たように電子対どうしの反発も分子の構造に大きな影響を与えることがわかった．この電子対間の反発だけで分子の形を予測するという簡単な方法もある．**VSEPR**（valence-shell electron pair repulsion）**理論**と呼ばれる方法である．この理論では中心原子の価電子に着目して分子の構造を予測する．電子対間の反発が最も小さくなるように分子の形が決まるというものである．8.2 節で検討したように，孤立電子対，結合電子対の間の反発の大きさに応じて，分子構造を予測するのである．このとき，価電子はルイスの点電子式で描く．

例えば，結合電子対が 2 組ある場合を考えてみよう．電子対の反発を最も小さくするには，図 8.10 に示すように中心原子を中心にして電子対が反対側にくるように位置するのがよいと考えられるから，分子の形は直線になると予想される．結合電子対が 2 組ある BeH_2 は直線状の分子であり，この考え方で説明できる．結合電子対が 3 組ある場合には，正三角形になると予測される．BCl_3 は正三角形である．電子対が 4 組である場合には，正四面体が最も安定であろう．電子対が 5 組であれば，反発が最も小さくなるのは，三方両錐型であろう．電子対が 6 組であれば，正八面体型が最も反発が小さくなるだろう．もちろん，この考え方では説明できない分子もあるが，このように，非常に簡単に予測することができるので，大変便利な方法である．図 8.10 に電子対の数で予測される分子の形を示す．

ここで注意しなければならないのは，予測される形は孤立電子対も含めた形

第 8 章 分子の形

電子対 2

直線型

電子対 3

三角形型　　　折れ曲がり型

電子対 4

四面体型　　　三角錐型　　　折れ曲がり型

電子対 5

三方両錐型　　　四面体型　　　三角形型

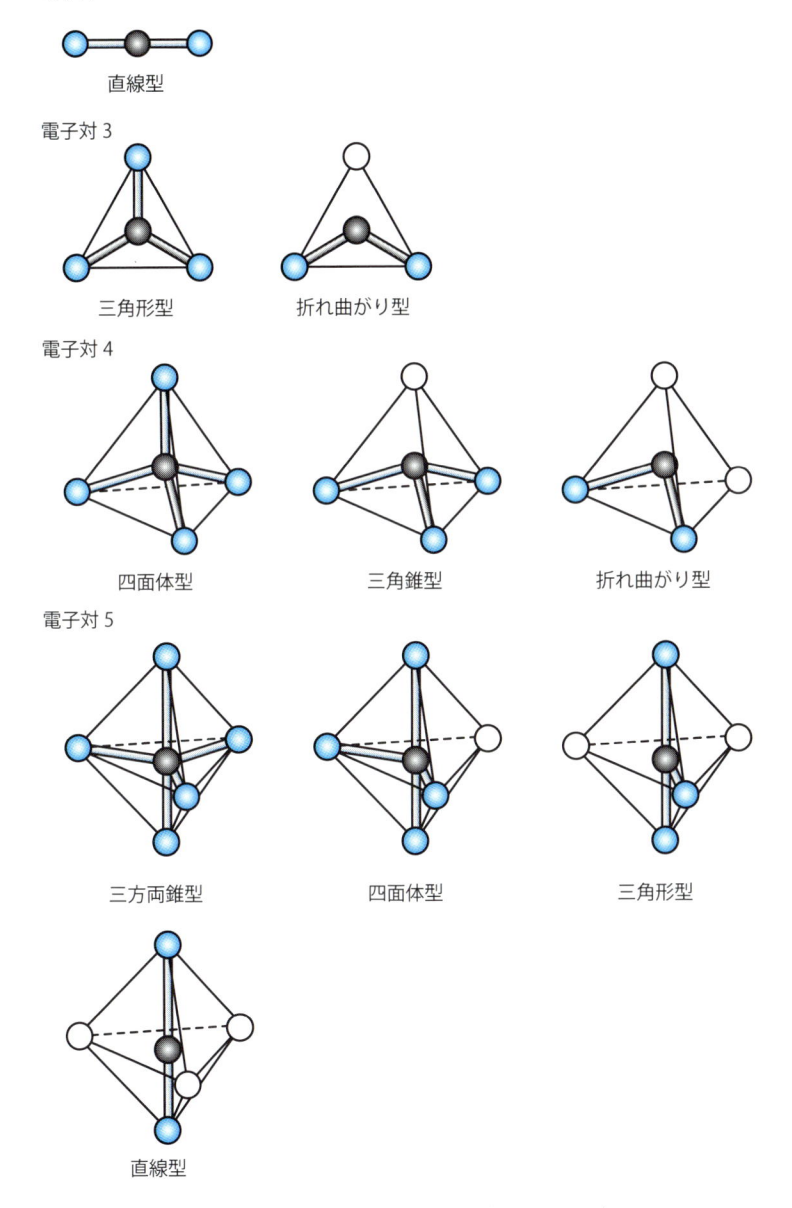

直線型

図 8.10-1　中心原子の電子対の数と分子の形
青い丸は結合電子対，白い丸は孤立電子対

電子対6

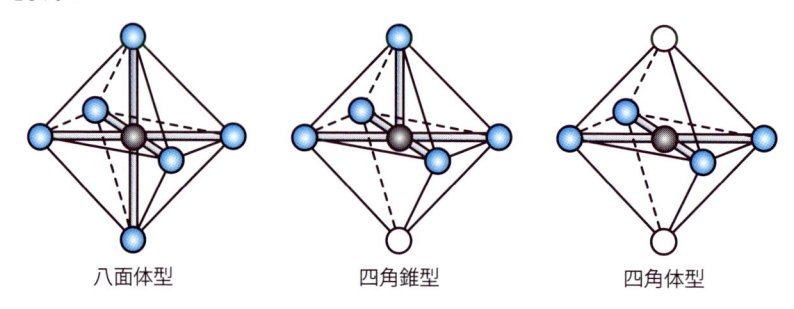

八面体型　　　　　四角錐型　　　　　四角体型

図 8.10-2　中心原子の電子対の数と分子の形
青い丸は結合電子対，白い丸は孤立電子対

であるということである．つまり，電子対の数により安定な配置が決まり，孤立電子対の数で分子の形に違いが生じるのである．例えば，メタン CH_4，アンモニア NH_3，水 H_2O はどれも電子対は4組であるが，分子の形は異なる．結合電子対が4組の CH_4 は正四面体であるが，結合電子対が3組，孤立電子対が1組の NH_3 は三角錐の構造となり，結合電子対が2組，孤立電子対が2組の H_2O は折れ曲がった形の構造となる．また，孤立電子対，結合電子対の間の反発の大きさに違いがあることも忘れてはならない．8.2節で見た NH_3 や H_2O の構造が正四面体の一部を切り取ったものにならないのは，このためである．

8.4　局在化軌道と非局在化軌道

さて，これまでは二原子間に局在した結合について考えてきた．このように2個の原子の間に局在した分子軌道を**局在化軌道**と呼ぶ．これに対し，三原子以上にまたがった分子軌道もあり，これを**非局在化軌道**という．

例えば，s-trans-ブタジエンについてみてみよう．右頁に示す構造をした平面状分子である．このように，二重結合が単結合で連結される結合を**共役二重結合**と呼ぶ．この形から，エチレンのように sp^2 混成軌道で結合していることが考えられる．図 8.11 (a) のように，4個の炭素原子がいずれも sp^2 混成状

態をとり，C–C 間で σ 結合することで分子骨格が形成されている．また，6個の水素原子と炭素原子の間にも σ 結合ができる．さらに，エチレンのときと同様に炭素原子には，混成に関与しない，分子平面に垂直な 2p 軌道が残っている（図 8.11 (b)）．炭素原子に番号をつけ，左から順に C_1, C_2, C_3, C_4 とすると，C_1 の 2p 軌道と C_2 の 2p 軌道が重なり，π 軌道を形成する．C_2 の 2p 軌道は C_3 の 2p 軌道とも重なり，π 軌道を形成することができる．このように考えていくと，ブタジエンの π 軌道は構造式で示すように C_1–C_2, C_3–C_4 間に局在化したものではなく，4 個の炭素原子間にまたがって広がった，つまり非局在化した軌道であると考えられる（図 8.11 (c)）．電子は，この軌道を自由に移動することができる．実際に結合距離をみても，*s-trans*-ブタジエンの炭素原子間の結合距離はいずれも C–C 単結合と C＝C 二重結合の間の値を示し，非局在化したものであると考えることで説明がつく．

(a)

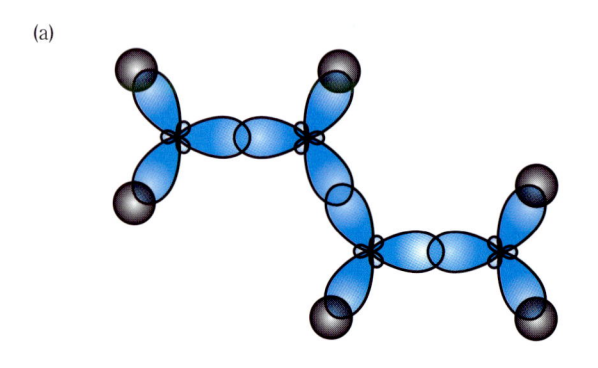

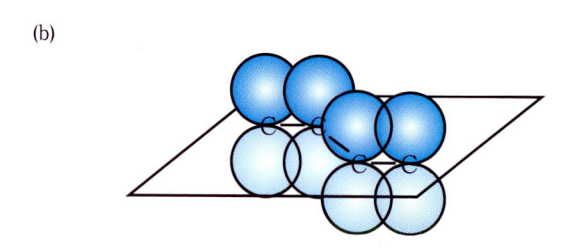

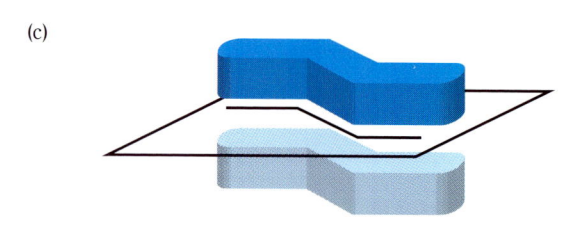

(b)

(c)

図 8.11　s-trans-ブタジエンの σ 結合と π 結合

> **コラム**　非局在化について分子軌道から考える

　s-trans-ブタジエンの π 軌道の非局在化について，分子軌道の観点から考えてみよう．s-trans-ブタジエンの π 軌道が 2 個のエチレンの π 軌道（a）からなっているものと考える．2 個のエチレンの π 軌道を図に示す．これらの π 軌

124

第 8 章　分子の形

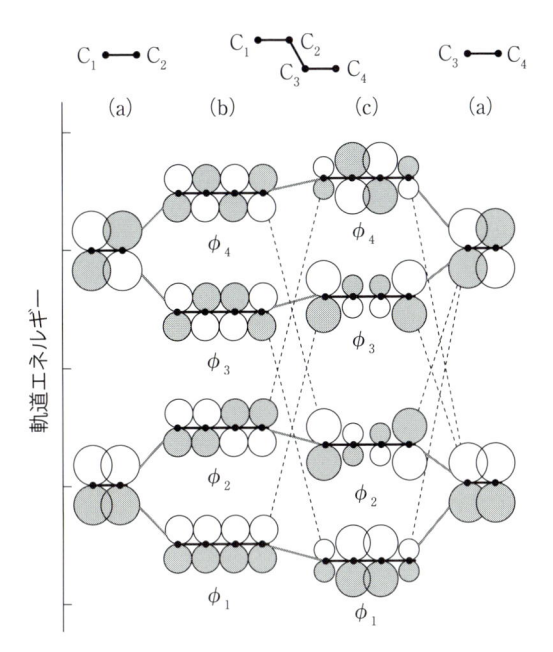

$C_1 \bullet\!\!-\!\!\bullet C_2$　　$C_1\!-\!C_2 \atop C_3\!-\!C_4$　　$C_3 \bullet\!\!-\!\!\bullet C_4$
(a)　　(b)　　(c)　　(a)

【出典】小林常利，『物質構造論入門　基礎化学結合論』
p.142, 図 5.30, 培風館（1995）より一部改変して引用．

道が近づき，相互作用する．まずは，簡単のために，結合性の π 軌道どうし，反結合性の π 軌道どうしが相互作用した場合を考えると（b）のようになる．こうしてできた軌道に電子を入れていくと，ϕ_1 と ϕ_2 に電子が入り，π 軌道が局在化しているときのエネルギーとまったく変わらない．そこで，エチレンの結合性の π 軌道ともう一つのエチレンの反結合性の π 軌道との間の相互作用を考慮してみよう．同じ対称性の分子軌道どうし，ϕ_1 と ϕ_3，ϕ_2 と ϕ_4 の相互作用を考えればよいので，（c）のようになる．これで，π 軌道が非局在化していたほうがエネルギー的に安定であることが説明できる．

もう一つ，例を挙げよう．ベンゼン C_6H_6 である．よく知られているように，ベンゼンは正六角形の分子である．やはり，この形状から，エチレンのように sp^2 混成軌道で結合していることが考えられる．図 8.12（a）のように，6 個の炭素原子がいずれも sp^2 混成状態をとり，C–C 間で σ 結合することで分子骨

(a)

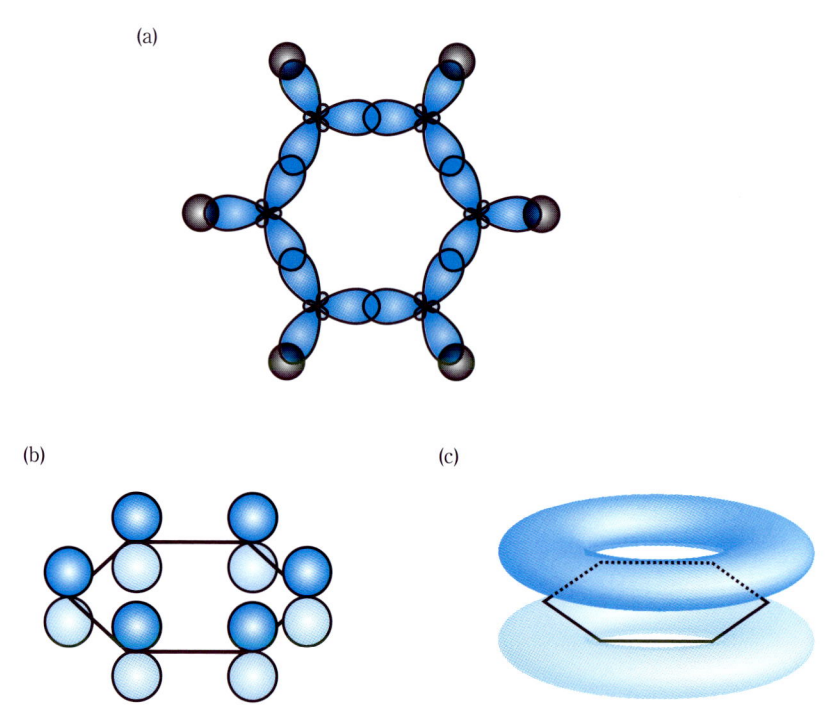

(b) (c)

図 8.12 ベンゼンの σ 結合と π 結合

格が形成されている．また，6個の水素原子と炭素原子の間にも σ 結合ができる．この場合も炭素原子には，混成に関与しない，分子平面に垂直な 2p 軌道が残っていて（図 8.12 (b)），図 8.12 (c) のように，6個の炭素原子間にまたがって広がった，非局在化軌道の π 軌道が形成される．ベンゼンの C–C 結合はすべて同じ長さで，C–C 単結合と C=C 二重結合の間の値を示し，正六角形の構造をとることからも非局在化した軌道であると考えることが妥当である．したがって，C–C 間の結合は 1.5 重結合であり，これをふまえて，ベンゼンを下記のように記すこともある．

問題

1. 六フッ化硫黄 SF_6 は正八面体型の分子であるが，OF_6 が存在しないのはなぜか．

2. ホスフィン PH_3，アルシン AsH_3，アンモニア NH_3 は，いずれも中心原子が 15 族の元素であるが，結合角は，∠HPH = 93.4°，∠HAsH = 92.1° であるのに対し，∠HNH は 106.7° である．これらの分子の構造について説明しなさい．また，水分子の結合角 ∠HOH は 104.5° である．アンモニアの結合角 ∠HNH が水分子の結合角 ∠HOH よりも少し大きい理由を説明しなさい．

3. 以下の分子の基底電子配置における各結合はどのような軌道から形成されているか．立体構造がわかるように，図示して説明しなさい．
    (a) 二酸化炭素　(b) ホルムアルデヒド　(c) 2,3-ペンタジエン

第9章 配位結合と金属錯体

　これまで，共有結合について考えてきた．共有結合は，結合する2個の原子から不対電子を1個ずつ提供して結合電子対（共有電子対）を形成することにより結合をつくるものである．いわば，give and take の関係である．これに対して，一方の原子が孤立電子対を提供し，もう一方の原子は手ぶらで結合するというタイプもあり，これを配位結合という．

　特に，金属原子や金属イオンに種々の分子やイオンが配位結合したものを金属錯体と呼ぶ．

9.1 配位結合

　2個の原子の間で**共有結合**が形成されるときには，それぞれの原子が1個ずつ電子を出し合って，その電子を共有することで結合している．**配位結合**では，一方の原子のみが孤立電子対を提供し，他方は空の軌道でやってきて，提供された電子対を両方の原子で共有する．こうして結合が形成され，いざ，電子を共有してしまうと，共有結合との区別はつかなくなってしまう．

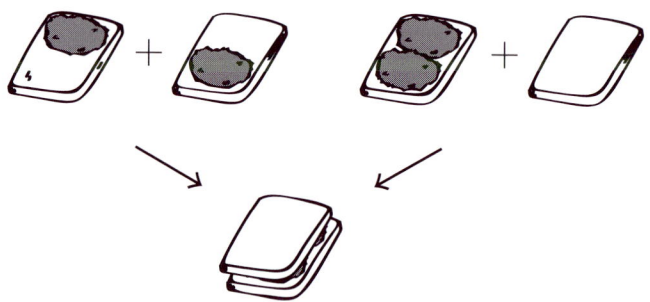

1個ずつコロッケがのったパンを合わせても（共有結合），コロッケが2つのったパンに何ものっていないパンを重ねても（配位結合），できあがったコロッケサンドは全く同じ

具体的な例をみてみよう．

◆ アンモニウム・イオン NH_4^+

アンモニア NH_3 は，8.2節で学習したように，窒素原子が sp^3 混成軌道に近い形をとっている．図9.1のように3個の軌道には電子が1個ずつ入っていて，それぞれが水素原子の1s軌道に入っている1個の電子と共有電子対を作って，共有結合を形成している．そして，窒素原子の sp^3 様混成軌道の残りの1個の軌道には，孤立電子対が入っている．ここに水素イオン H^+ が近づいてきたら，どうなるか考えてみよう．孤立電子対は負の電荷をもっているので，正に帯電している水素イオン H^+ と引き合う．図9.1に示したように，H^+ の1s軌道は電子の入っていない空軌道である．この空の1s軌道と窒素原子の孤立電子対の入っている軌道が近づくと，相互作用し，結合性の分子軌道と反結合性の分

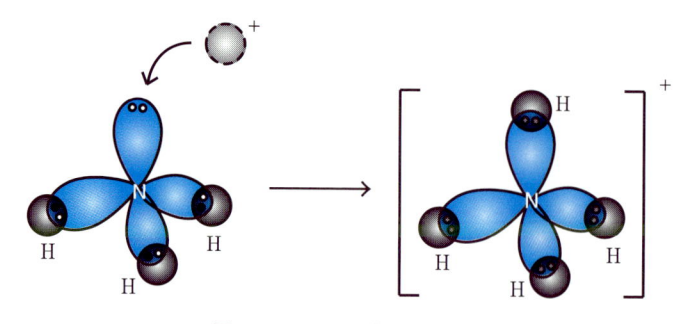

図9.1 アンモニウム・イオン

子軌道ができる．そして，孤立電子対の軌道に入っていた 2 個の電子がエネルギー的に安定な結合性軌道に入り，N–H 結合が形成され，アンモニウム・イオンができるのである．この結合では，電子を供給しているのは窒素原子のみである．このような結合が配位結合である．こうしてできた 4 本目の N–H 結合は，もともとあった 3 本の N–H 結合とまったく区別がつかない．つまり，どれが共有結合で，どれが配位結合か区別できないのである．アンモニウム・イオン NH_4^+ の 4 本の N–H 結合はすべて等価な結合となるため，窒素原子は真の sp^3 混成軌道となり，アンモニウム・イオン NH_4^+ は，メタンと同じ正四面体となる．

◆ オキソニウム・イオン H_3O^+

オキソニウム・イオン H_3O^+ は，水分子に水素イオン H^+ が配位したものである．水の中では，水素イオン H^+ はこのままの状態では存在せず，水分子と結合してオキソニウム・イオン H_3O^+ を形成している．水分子も 8.2 節で学習したように，酸素原子が sp^3 混成軌道に近い形をとっている．図 9.2 のように 2 個の軌道には電子が 1 個ずつあり，それぞれが水素原子の 1s 軌道に入っている 1 個の電子と共有電子対を作って，共有結合を形成している．酸素原子の sp^3 様混成軌道の残りの 2 個の軌道には，孤立電子対が入っている．ここに水素イオン H^+ が近づいてくると，アンモニウム・イオンのときと同じように，空の H^+ の 1s 軌道と酸素原子の孤立電子対の入っている軌道が相互作用し，結合性の分子軌道と反結合性の分子軌道ができる．そして，孤立電子対の軌道に入っていた 2 個の電子がエネルギー的に安定な結合性軌道に入り，O–H 結合

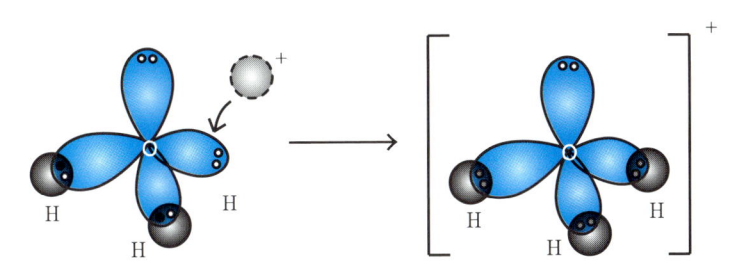

図 9.2　オキソニウム・イオン

が形成され，オキソニウム・イオン H_3O^+ ができるのである．したがって，3本の等価な O-H 結合と 1 組の孤立電子対が存在する．つまり，3 組の結合電子対と 1 組の孤立電子対の間の反発により，アンモニアと同様の形となる．

◆ 分子錯体

上記の例は分子に水素イオンが配位したものであるが，分子に分子が配位する場合もある．三フッ化ホウ素 BF_3 とアンモニア NH_3 の間に形成される配位結合をみてみよう．

まず，三フッ化ホウ素 BF_3 の構造をみてみよう．これは正三角形の形をしている．つまり，基底電子配置 $(1s)^2(2s)^2(2p)^1$ のホウ素 B が sp^2 混成軌道をとっている．混成に携わらなかった 2p 軌道があり，これは空軌道である．アンモニア NH_3 は何度も出てきているように，窒素原子が sp^3 混成軌道に近い形をとり，四面体構造をしている．図 9.3 に示すように三フッ化ホウ素 BF_3 の平面に対して垂直な方向に空の 2p 軌道がある．この空の 2p 軌道にアンモニア NH_3 の孤立電子対の軌道が近づいてくると，これらの軌道間で相互作用して，結合性の分子軌道と反結合性の分子軌道が形成される．そして，孤立電子対の軌道に入っていた 2 個の電子がエネルギー的に安定な結合性軌道に入り，B-N 結合が形成される．すると，ホウ素 B のまわりには，4 組の結合電子対が存在することになり，この結合電子対間の反発により，三角錐型になってい

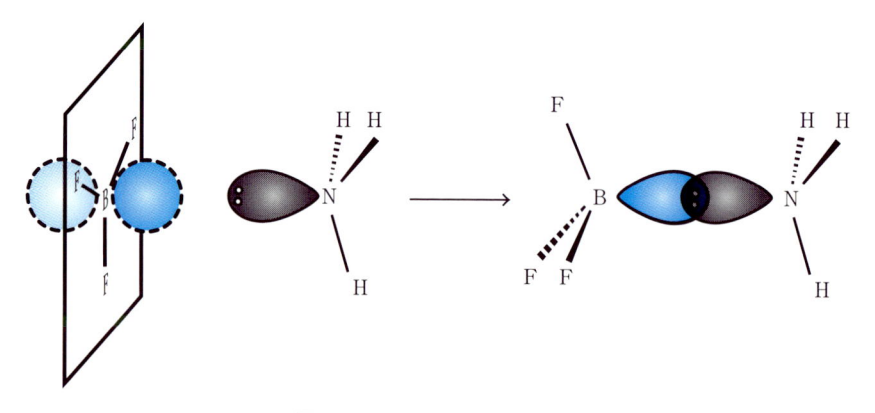

図 9.3　BF_3 と NH_3 の分子錯体

く，つまり，sp³混成軌道に近い形となっていく．B−N結合は，sp³様混成軌道で結合したほうが，純粋な2p軌道を用いるよりも軌道間の重なりが大きく，強く結合でき，エネルギー的に安定となるため，この形に落ち着く．この場合も，電子を供給しているのは窒素原子のみであるので，配位結合である．このように，もともとは独立した分子どうしが結合してできた新しい化合物を**分子化合物**，あるいは**分子錯体**という．

9.2 金属錯体

金属原子や正の金属イオンの配位化合物を，**金属錯体**という．金属元素が錯体を作る相手の分子やイオンを**配位子**といい，配位子の個数を**配位数**という．配位子の代表例としては，NH_3，CO，H_2O などの分子，F^-，Cl^-，CN^-，NCS^- などのイオンがある．これらの配位子は，孤立電子対を用いて配位結合する．チオシアン酸イオン NCS^- は N にも S にも孤立電子対があるので，どちらでも配位することができる．エチレンジアミン（en：$NH_2CH_2CH_2NH_2$）も両方にアミノ基があり，孤立電子対を持つので，どちらでも配位することができる．エチレンジアミンのように分子の長さがある程度あれば，両端で配位することも可能である．また，中心の金属あるいは金属イオンと配位子の組み合わせによって，配位数も異なる．以下に，いくつか例をあげてみよう．

9.2.1 二配位錯体

◆ $[Ag(NH_3)_2]^+$

これは，直線状の分子で反磁性の化合物である．この結合について考えてみよう．Ag は原子番号が 47 であり，その基底電子配置は，

$$Ag \quad (1s)^2(2s)^2(2p)^6(3s)^2(3p)^6(3d)^{10}(4s)^2(4p)^6(4d)^{10}(5s)^1$$

である．Ag^+ の電子配置は，

$$Ag^+ \quad (1s)^2(2s)^2(2p)^6(3s)^2(3p)^6(3d)^{10}(4s)^2(4p)^6(4d)^{10}$$

である．陽イオンになるときには，n が大きい軌道から，同じ n の中では l が

大きい軌道から電子を取っていく．Ag^+には5s軌道と5p軌道からなる空のsp混成軌道が考えられる．図9.4のように，NH_3の孤立電子対の入った軌道が両側から近づき，相互作用する．どちらのサイドでも結合性軌道と反結合性軌道が形成され，電子が結合性軌道に入って配位結合するのである．その結果，不対電子は存在しないので反磁性と予測され，実験結果とも一致する．

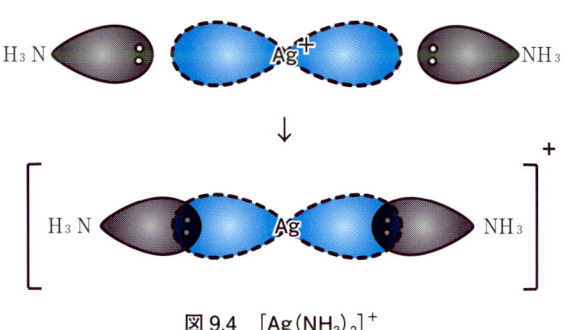

図9.4　$[Ag(NH_3)_2]^+$

9.2.2 四配位錯体

$[NiCl_4]^{2-}$も$[Ni(CN)_4]^{2-}$も中心金属イオンはNi^{2+}で4配位の錯体であるが，その構造は，前者が正四面体構造，後者が正方形であり，異なる構造をしている．また，磁性にも違いがあり，前者は常磁性，後者は反磁性である．これらについてみてみよう．

◆ $[NiCl_4]^{2-}$

Niは原子番号が28であり，その基底電子配置は，

$\quad$ Ni　　$(1s)^2(2s)^2(2p)^6(3s)^2(3p)^6(3d)^8(4s)^2$

である．Ni^{2+}の電子配置は，

$\quad Ni^{2+}$　　$(1s)^2(2s)^2(2p)^6(3s)^2(3p)^6(3d)^8$

であり，一部をセル・モデルで示すと以下のようになる．$[NiCl_4]^{2-}$の構造が

メタンと同じ正四面体であることからsp³混成軌道を用いて配位結合をすることが予想される．下記のように，混成により空のsp³混成軌道ができるので，これらとCl⁻の孤立電子対の入っている軌道が相互作用し，配位結合をすると考えられる．このとき，不対電子が2個存在しており，常磁性を示すという実験結果も説明できる．

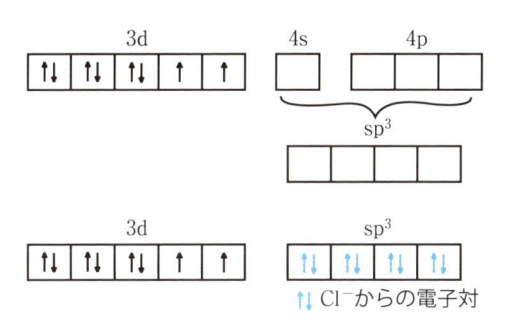

◆ [Ni(CN)₄]²⁻

同じようにsp³混成軌道を考えると正四面体になってしまうので，正方形の構造を説明することもできないし，反磁性という実験結果とも矛盾する．そこで，不対電子をなくすために昇位させる．4個の配位子と結合するため，空になった1個の3d軌道と1個の4s軌道と2個の4p軌道でdsp²混成軌道を作る．この混成軌道は，正方形の中心から頂点方向に張り出した等価な4個の軌道であり，構造が正方形になることが説明できる．4個の空のdsp²混成軌道と4個のCN⁻の孤立電子対の軌道が相互作用し，配位結合をする．不対電子は存在せず，反磁性という実験結果と一致する．

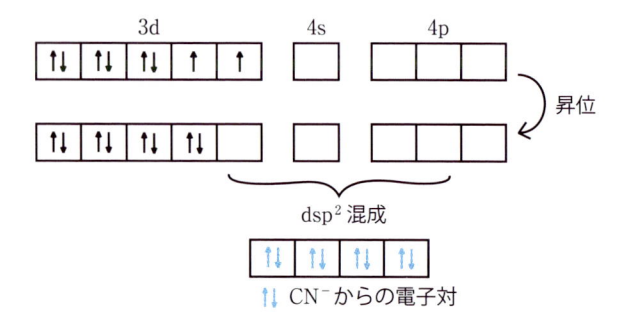

```
      3d           4s      4p
 ┌──┬──┬──┬──┬──┐ ┌──┐ ┌──┬──┬──┐
 │↑↓│↑↓│↑↓│ ↑│ ↑│ │  │ │  │  │  │
 └──┴──┴──┴──┴──┘ └──┘ └──┴──┴──┘
                                    ⎫
 ┌──┬──┬──┬──┬──┐ ┌──┐ ┌──┬──┬──┐   ⎬ 昇位
 │↑↓│↑↓│↑↓│↑↓│  │ │  │ │  │  │  │   ⎭
 └──┴──┴──┴──┴──┘ └──┘ └──┴──┴──┘
              └─────────┬─────────┘
                    dsp² 混成
                  ┌──┬──┬──┬──┐
                  │↑↓│↑↓│↑↓│↑↓│
                  └──┴──┴──┴──┘
                 ↑↓ CN⁻ からの電子対
```

9.2.3　六配位錯体

六配位の錯体の例として，$[Fe(CN)_6]^{4-}$ と，$[CoF_6]^{3-}$ をみてみよう．どちらも正八面体型の構造であり，前者は反磁性，後者は常磁性の錯体である．

◆ $[Fe(CN)_6]^{4-}$

Fe は原子番号が 26 であり，その基底電子配置は，

　　Fe　　$(1s)^2(2s)^2(2p)^6(3s)^2(3p)^6(3d)^6(4s)^2$

である．Fe^{2+} の電子配置は，

　　Fe^{2+}　　$(1s)^2(2s)^2(2p)^6(3s)^2(3p)^6(3d)^6$

である．一部をセル・モデルで示すと右のようになる．このままでは，不対電子が 4 個存在しており，反磁性であることが説明できないので昇位させる．6 個の配位子と結合するため，空になった 2 個の 3d 軌道と 1 個の 4s 軌道と 3 個の 4p 軌道で d^2sp^3 混成軌道を作る．この混成軌道は，正八面体の中心から頂点方向に張り出した等価な 6 個の軌道であり，正八面体構造になることが説明できる．6 個の空の d^2sp^3 混成軌道と 6 個の CN⁻ の孤立電子対の軌道が相互作用し，配位結合をする．不対電子は存在せず，反磁性という実験結果と一致する．

[図: 3d, 4s, 4p 軌道のセル・モデル。昇位により d²sp³ 混成軌道を形成し、CN⁻ からの電子対が入る様子]

↕ CN⁻ からの電子対

◆ [CoF₆]³⁻

この錯体は，中心金属イオンが Co³⁺ である．Co は原子番号が 27 であり，その基底電子配置は，

　　Co　　$(1s)^2(2s)^2(2p)^6(3s)^2(3p)^6(3d)^7(4s)^2$

である．Co³⁺ の電子配置は，

　　Co³⁺　$(1s)^2(2s)^2(2p)^6(3s)^2(3p)^6(3d)^6$

である．一部をセル・モデルで示すと以下のようになる．この錯体は常磁性であり，不対電子が 4 個存在していることと矛盾しない．6 個の配位子と結合するため，空の 4s 軌道，3 個の 4p 軌道，2 個の 4d 軌道で sp³d² 混成軌道を作る．この混成軌道は，8.1.4 項でも扱った sp³d² 混成軌道と同じである．正八面体の中心から頂点方向に張り出した等価な 6 個の軌道であり，正八面体構造になることが説明できる．6 個の空の sp³d² 混成軌道と 6 個の F⁻ の孤立電子対の軌道

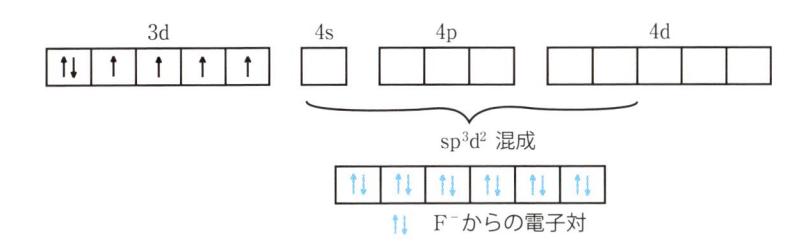

[図: 3d, 4s, 4p, 4d 軌道のセル・モデル。sp³d² 混成により F⁻ からの電子対が入る様子]

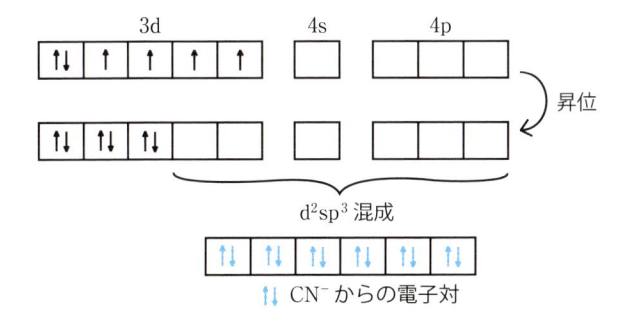

↕ F⁻ からの電子対

137

が相互作用し，配位結合をする．不対電子が4個残ったままであり，常磁性を示す実験結果と一致する．

八面体の構造を示すd^2sp^3混成軌道とsp^3d^2混成軌道は，混成に使用するs, p, d軌道のそれぞれの個数については同じである．しかし，混成に用いたd軌道の主量子数の値が異なる．$(3d)^2(4s)(4p)^3$のようにd軌道の主量子数がs軌道やp軌道の主量子数より小さいとき，**内軌道錯体**と呼び，$(4s)(4p)^3(4d)^2$のようにすべて同じ主量子数の場合，**外軌道錯体**と呼ぶ．

9.2.4 結晶場理論

9.2.1項から9.2.3項では，混成軌道を用いて金属錯体の構造と磁性について説明した．この項では，まったく異なる理論，**結晶場理論**で金属錯体について考えてみよう．結晶場理論では，配位子は負を帯びた点電荷として考え，中心金属イオンの原子軌道のうち最外殻であるd軌道のみを考える．中心金属イオンは正電荷なので，負の電荷を帯びている配位子と静電的に引き合う．しかし，中心金属イオンには，当然，電子も存在している．この電子の様子は，原子軌道の形の電子雲として考えられる．この電子雲と配位子の間には，反発が生じる．八面体錯体について考えてみよう．図9.5のように八面体の頂点に負の点電荷，中心に金属陽イオンを考える．d軌道は五重に縮退した軌道で，図4.3で示した5個の軌道である．これらの軌道に電子が入った場合の配位子との間の反発について考えよう．図4.3を見れば，明らかなように，d_{z^2}, $d_{x^2-y^2}$軌道は配位子の方向に電子雲が広がっているが，d_{xy}, d_{yz}, d_{zx}軌道は配位子を避ける方向に電子雲が広がっている．したがって，d_{z^2}, $d_{x^2-y^2}$軌道に電子が入れば，配位子との間に静電的な反発が起きる．一方，d_{xy}, d_{yz}, d_{zx}軌道ではあまり影響がない．そのため，d_{z^2}, $d_{x^2-y^2}$の軌道は相対的に不安定になり，d_{xy}, d_{yz}, d_{zx}軌道は相対的に安定になるのである．その結果，図9.6のように，もともと五重に縮退していたd軌道は，安定な三重に縮退した軌道と不安定な二重に縮退した軌道に分裂するのである．三重に縮退した軌道をt_{2g}軌道，二重に縮退した軌道をe_g軌道と呼ぶ．そして，この分裂幅（エネルギー差）をΔで表す．全体のエネルギーは変わらないので，五重に縮退していたときに対して，t_{2g}軌道は$\frac{2}{5}\Delta$安定化し，e_g軌道は$\frac{3}{5}\Delta$不安定化する．

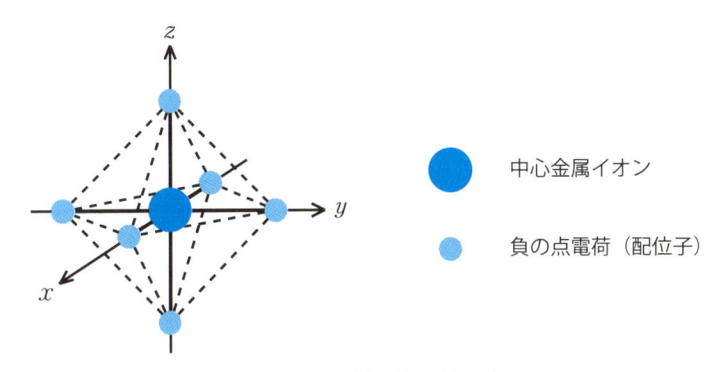

図9.5　正八面体の結晶場モデル

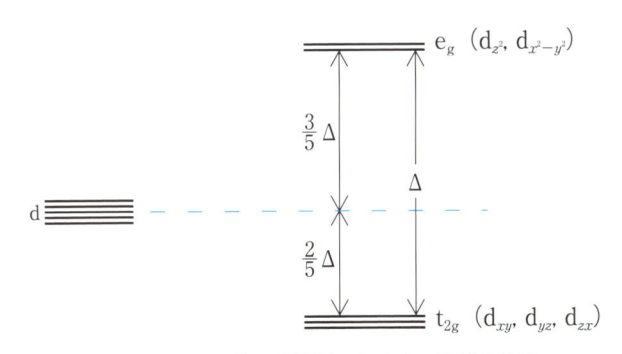

図9.6　正八面体の結晶場におけるd軌道の分裂

Δが大きいとき，**結晶場**が強いと言う．結晶場の強さは，中心金属イオンと配位子の間の静電的相互作用の大きさに左右される．中心金属イオンに強力な場を与える配位子ほどΔが大きい．結晶場の強さの順に配位子を並べると，以下のようになる．これを**分光化学系列**と呼ぶ．

CO, $CN^- > NO_2^- >$ en $> NH_3 > NCS^- > H_2O > RCO_2^- > OH^- > F^- > Cl^- > Br^- > I^-$
en（エチレンジアミン，$NH_2CH_2CH_2NH_2$），R（アルキル基）

では，中心金属イオンのd軌道の電子配置について考えてみよう．4.4節で学んだように，電子はエネルギーの低い軌道から順に入っていくので，まず，安定なt_{2g}軌道に入る．このとき，フントの規則に従うので，電子3個までは

t_{2g} 軌道に 1 個ずつ入る．4 個目の電子がどこに入るかというと，Δ が大きいときには，通常通り，すでに 1 個ずつ入っている t_{2g} 軌道にパウリの排他原理に従って，スピンを反平行にして入っていく．電子 6 個で t_{2g} 軌道は満たされるので，7 個目から同じように，今度は e_g 軌道に入っていく．一方，Δ が小さいときには，五重に縮退した軌道と同様に，4 個目，5 個目はフントの規則に従って空の e_g 軌道に 1 個ずつ入る．6 個目以降はスピンを反平行にして，6，7，8 個目は t_{2g} 軌道に入り，9，10 個目は e_g 軌道に入る．これは，同一の軌道に電子を 2 個入れることによる不安定化エネルギーの大きさと Δ の大きさによって決まる．すなわち，Δ の大きさが，同一の軌道に電子を 2 個入れることによる不安定化エネルギーの大きさより大きければ，4 個目以降が t_{2g} 軌道に入っていく（図 9.7 (a))．Δ の大きさが，同一の軌道に電子を 2 個入れることによる不安定化エネルギーの大きさより小さければ，4 個目，5 個目は e_g 軌道に入っていくのである（図 9.7 (b))．Δ が大きいときには，小さいときに比べて不対電子の数が少なくなるので，このような状態を **low-spin 状態**といい，Δ が小さいときは，不対電子の数が多くなるので **high-spin 状態**という．例えば，$[Co(NH_3)_6]^{3+}$ は反磁性であることから，d^2sp^3 混成軌道をとることがわかる．これに対し，$[CoF_6]^{3-}$ は常磁性であるので，sp^3d^2 混成軌道をとる．すなわち，$[Co(NH_3)_6]^{3+}$ は low-spin 状態，$[CoF_6]^{3-}$ は high-spin 状態であり，分光化学系列の大小とも一致する．

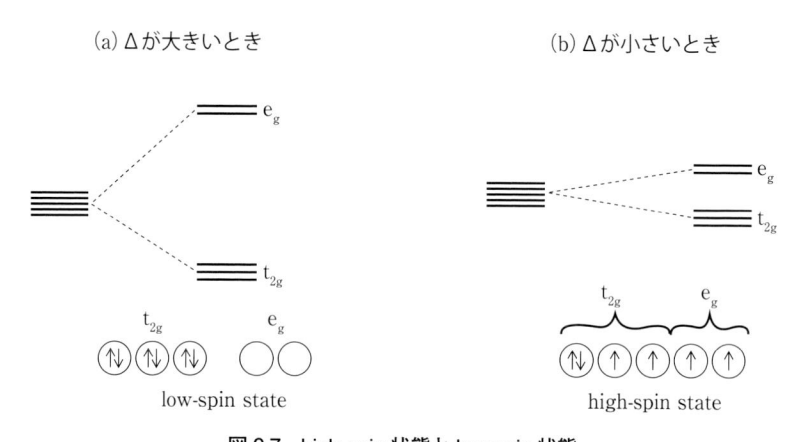

図 9.7　high-spin 状態と low-spin 状態

問題

1. $[Zn(NH_3)_4]^{2+}$ は正四面体型の構造をしている．以下の問いに答えなさい．
   1) Zn の基底電子配置を書きなさい．
   2) この錯イオンの配位数を書きなさい．
   3) 中心金属イオンはどのような混成軌道をとるか，説明しなさい．
   4) この錯イオンの磁性について，理由とともに説明しなさい．

2. $[Ni(CN)_4]^{2-}$ は反磁性を示す．この錯体の中心原子イオンはどのような混成軌道からなると考えられるか．

3. $[Co(NH_3)_6]^{3+}$，$[CoF_6]^{3-}$ はどちらも正八面体錯体であり，前者は反磁性，後者は常磁性を示す．以下の問いに答えなさい．
   1) 磁性の観点から，これらの錯イオンの中心原子イオンは，それぞれどのような混成軌道からなると考えられるか．
   2) これらの錯イオンはそれぞれ内軌道錯体か，外軌道錯体か．
   3) 配位子の結晶場の強さについて，どのように考えられるか．
   4) 結晶場の強さの順に配位子をならべたものを何と言うか．

第10章 分子間相互作用

これまで，分子内における結合について考えてきた．一般には，分子は単独で存在するよりも，無数の分子に取り囲まれた状態で存在している．そして，分子と分子の間にも相互作用がある．それは，分子内結合に比べれば弱い結合ではあるが，非常に重要である．身近な水も氷も，こういった力なしには存在し得ないのである．ここでは，分子間に働くさまざまな相互作用についてみてみよう．

10.1 静電相互作用

電荷を持っていれば，引力や斥力が働く．これに起因する相互作用を**静電相互作用**という．7.2節で学んだように，異核二原子分子ではふつう電気陰性度に差があるので，分子の中で電荷の偏りがある．このように，分子にもともと電荷の偏りがあることに起因する，本来持っている双極子を**永久双極子**という．これに対して，本来は電荷の偏りが無いのに，電子雲が分子内を移動したり，ゆらぎが生じたりすることがある．こうして生ずる一時的な双極子を**誘起双極子**という．例えば，鉄の釘と釘をくっつけても引き合わないが，磁石にくっつけた釘に他の釘がくっつくことと似ている．

永久双極子，誘起双極子の間では，符号が反対の電荷間には静電引力が働き，同じ符号の電荷間には斥力が働く．このような双極子間の静電相互作用は，主に次のように分類される．永久双極子と永久双極子の間に働く静電相互作用，永久双極子と誘起双極子の間に働く静電相互作用，誘起双極子と誘起双極子の間に働く静電相互作用である．これらをそれぞれ，**配向効果**，**誘起効果**，**分散効果**と呼ぶ．これらの効果を絵で表現すると図10.1のようになる．永久双極

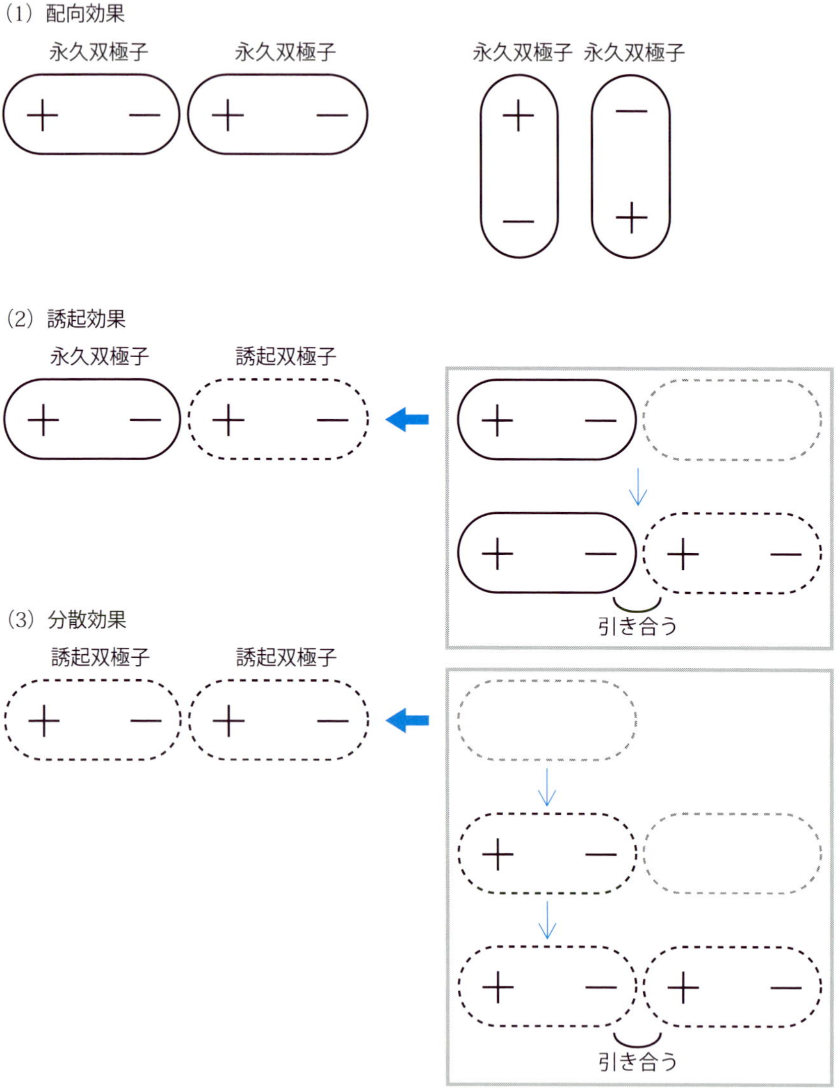

(1) 配向効果

永久双極子　永久双極子　　　　永久双極子　永久双極子

(2) 誘起効果

永久双極子　誘起双極子

引き合う

(3) 分散効果

誘起双極子　誘起双極子

引き合う

図 10.1　静電相互作用
実線で囲んだものが永久双極子，点線で囲んだものが誘起双極子，うすい点線は無極性分子

子どうしにおいて反対の符号の電荷が引き合うように配向するのが配向効果である．誘起効果では，無極性分子が近くの永久双極子により分極して誘起双極

子を生じ，永久双極子と誘起双極子の間に静電力が働く．分散効果では，電子雲のゆらぎにより一時的に分極して生じた誘起双極子が，近くにいる無極性分子を分極させて誘起双極子を生じさせ，その間で相互作用をするのである．

誘起双極子が関係する相互作用を**ファン・デル・ワールス**（van der Waals）**相互作用**という．これは，非常に弱い相互作用である．しかし，一つ一つは小さな相互作用でも，多数集まることで大きな力となる．

10.2 電荷移動相互作用

分子間の電荷移動を伴う相互作用を**電荷移動相互作用**，電荷移動相互作用により形成される錯体を**電荷移動錯体**と呼ぶ．また，電子を与える化合物を**電子供与体**，電子を受け取る化合物を**電子受容体**という．すなわち，電荷移動相互作用は，電子供与体の HOMO と電子受容体の LUMO の間における相互作用である．ベンゼンとヨウ素，トリメチルアミンとヨウ素，ベンゼンとテトラシアノエチレンなどの間で電荷移動相互作用が起きることが知られている．

第6章で学習したように，軌道間で相互作用が生じるには両者の軌道の対称性が合っていることが前提であり，さらに，両者のエネルギー差が小さいほど相互作用は大きくなるので，軌道の対称性を満たした電子供与体の HOMO と電子受容体の LUMO のエネルギー差が小さいとき，電荷移動相互作用が生じる．**図10.2**に電荷移動相互作用と軌道エネルギーの関係を示す．電子供与体を D，電子受容体を A と表す．電荷移動錯体を形成することによりエネルギー的に 2Δ 安定化しており，電荷移動錯体の存在が実現できる．

電荷移動相互作用が生じていることは実験でも確かめることができる．電子は光を吸収して基底状態から励起状態に遷移するが，このとき，吸収される電磁波のエネルギー分布を電子吸収スペクトルという．D，A をそれぞれ無極性溶媒に溶かした溶液の電子吸収スペクトルとこれらを混合した溶液の電子吸収スペクトルを測定すると，混合溶液では D，A 単独では見られなかった新たなピークが出現するのである．

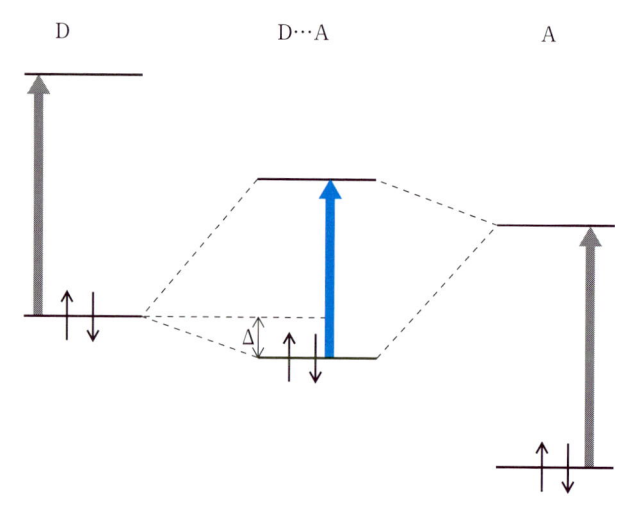

図 10.2　電荷移動相互作用
電子供与体 D，電子受容体 A をそれぞれ無極性溶媒に溶かしたときの電子吸収スペクトルのピークは，グレーの矢印のエネルギー差に相当する．これらを混合すると，青い矢印のエネルギー差に相当するピークが出現する．

10.3　水素結合

　図 10.3 に水素化物と希ガスの融点と沸点を示す．希ガスや 14 族元素の水素化物（CH_4, SiH_4, GeH_4, SnH_4）の融点・沸点はどちらも分子量が増大するにつれて上昇しており，妥当な結果である．これに対し，15 族，16 族，17 族では，最も分子量の小さい NH_3, H_2O, HF が，異常に高い融点・沸点の値を示している．

　この原因について考えてみよう．例えば，H_2O は 8.2 節でとりあげたように分極している．したがって，10.1 節で学習したように静電相互作用がはたらく．さらに，こうして引き寄せられる酸素原子と水素原子の間には，電荷移動相互作用も働くのである．水素原子を介したこのような結合を**水素結合**という．つまり，水素結合では，図 10.4 に示すように静電相互作用と電荷移動相互作用の両方が働いている．水素結合は比較的強い分子間相互作用であり，分子は水素結合により安定化する．このため，H_2O の融点・沸点は異常に高くなるのである．NH_3, HF についても同様で，N や F の電気陰性度が大きい値なので，

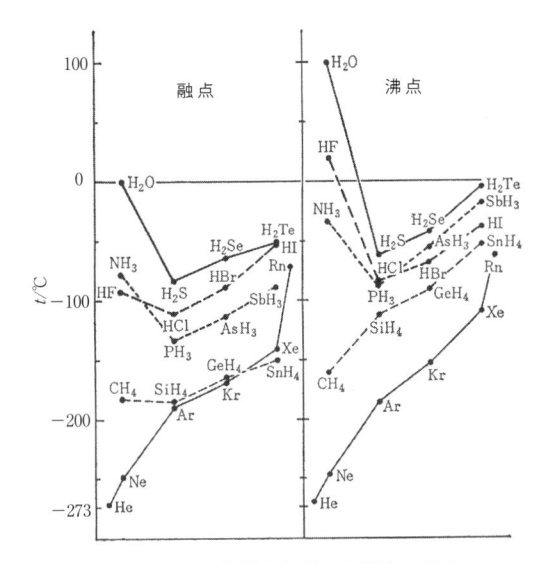

図 10.3　水素化物と希ガスの融点と沸点
【出典】ポーリング著，関　集三，千原秀明，桐山良一訳，
『一般化学（下）』p.432, 図 12−3, 岩波書店（1974）を引用．

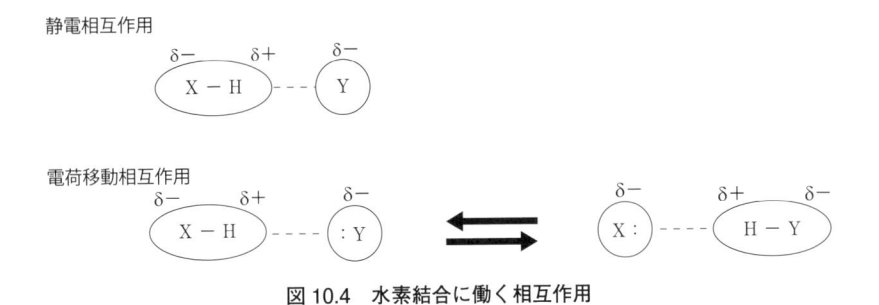

静電相互作用

　　　　　δ−　　δ+　　　　δ−
　　　　（X − H）- - -（ Y ）

電荷移動相互作用

　　　　　δ−　　δ+　　　δ−　　　　　　　　　δ−　　　　δ+　　　δ−
　　　　（X − H）- - -（:Y）　⇄　　（X :）- - -（H − Y）

図 10.4　水素結合に働く相互作用

水素結合を形成しているのである．このように，水素結合は電気陰性度の大きい原子に結合した水素原子と別の電気陰性度の大きい原子の間で形成される．電気陰性度の大きい原子を X，Y で表すと，水素結合は

$$X-H\cdots Y$$

のように表現される．X, Y は主に O, N, F である．

　水素結合が静電相互作用と電荷移動相互作用の両方の寄与からなることは結合距離，結合エネルギーからも理解できる．H_2O の結合距離についてみてみると，固体である氷では H···O 距離は約 1.8Å で，水分子の O-H 共有結合距離，約 0.96Å よりも長い．ファン・デル・ワールス半径が H 原子 1.2Å，O 原子 1.4Å であるから，その和である 2.6Å よりも短い．また，水素結合の結合エネルギーは，共有結合のエネルギーよりは小さく，静電相互作用のエネルギーよりは大きいのである．

　ここで，**ファン・デル・ワールス半径**について説明しておこう．10.1 節で学習したように誘起双極子どうしには分散効果による力，分散力により引力が生じる．しかし，分散力により誘起双極子どうしが接近しすぎると，原子核間や電子雲間に斥力が働く．ある距離で，この分散力と斥力の均衡がとれるわけである（図 10.5）．簡単に言えば，これを考慮した原子の大きさがファン・デル・ワールス半径で与えられる球である．次章で学ぶ分子性結晶（11.5 節）は分子がファン・デル・ワールス相互作用によりゆるい結合をしている．このとき，各分子の中で原子を一定の半径の球のように考え，それらをつなげると分子ができるが，最も接近している分子どうしが接触するようにしたときの原子の球の半径をファン・デル・ワールス半径というのである．

　水素結合にはほかにどのようなものがあるか少し見てみよう．酢酸やギ酸は，図 10.6 のように，それぞれ 2 分子が結びついて二量体を形成することが知ら

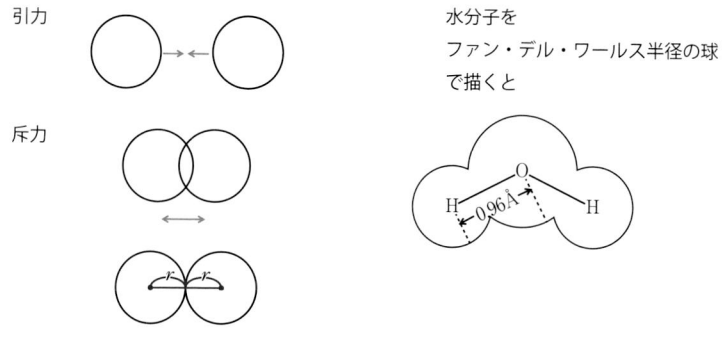

図 10.5　ファン・デル・ワールス半径
r：ファン・デル・ワールス半径

第 10 章　分子間相互作用

(a) 酢酸

(b) ギ酸

(c) サリチルアルデヒド

(d) アデニンとチミン

(e) シトシンとグアニン

(f) DNA の二重らせん構造

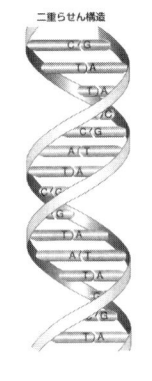

(g) タンパク質の α-らせん構造

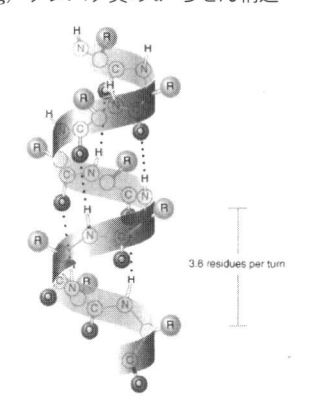

図 10.6　水素結合の例

【出典】　(f)　川島誠一郎他著,『高等学校生物 II』p.58，教研出版（2004）．
　　　　　(g)　科学ニュースの森「最も危険なプリオンの発見」, http://blog.livedoor.jp/xcrex/archives/65648501.html

149

れているが，これも水素結合によるものである．

　また，水素結合は分子間だけではなく，分子内でも形成することができる．これを分子内水素結合という．例えば，サリチルアルデヒドは図10.6に示すように，分子内水素結合をする．この例をみてもわかるように，X–H⋯Y が必ずしも直線状になるわけではない．水素結合には電荷移動相互作用が働いているわけであるから，結合方向は孤立電子対の方向に一致するのである．つまり，電子供与体である分子における電子を供与する原子の孤立電子対の方向で結合する．

　さらに，異なる分子間でも水素結合を形成する．タンパク質の α – らせん構造や DNA の二重らせん構造も水素結合の形成なしにはその立体構造を保持することができない．図10.6 からもわかるように，DNA では，アデニンとチミン，シトシンとグアニンがそれぞれ 2 組および 3 組の水素結合を作っている．

10.4　疎水相互作用（疎水結合）

　水と混ざりやすいものと混ざりにくいものがあることは，日常生活でも経験しているだろう．例えば，ウィスキーの水割りはウィスキーと水が混ざり合っている．一方，酢や醤油と油で作るドレッシングは分離する．前節でも取り上げた水は極性をもつ．お酒の主成分，エタノールは CH_3CH_2OH であり，ヒドロキシ基は極性基である．このように極性の物質は極性の水と静電的な相互作用をすることができるので，よく混ざる．このような水と相互作用しやすい性質を**親水性**という．反対に，水と相互作用しにくい性質を**疎水性**という．油は一般に脂肪酸とグリセリンのエステルであり，図 10.7 のような構造をしてい

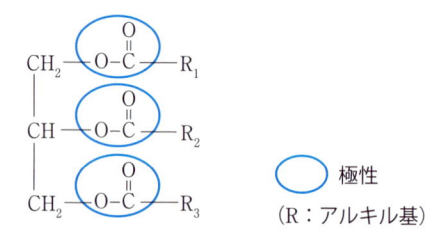

図 10.7　油の構造

る．エステル部分には極性があるものの他は疎水性である．このため，水とはよく混ざらないのである．水の中に疎水性の基を持つ物質を入れると，疎水性の部分は水を避けるようにふるまう．その結果，疎水性の部分が集まることになる．これを**疎水相互作用**（**疎水結合**）という（**図10.8**）．

ところで，油には常温で固体のものと液体のものがある．この物性の違いは油脂を構成する脂肪酸の違いによるものである．脂肪酸の中で炭素鎖に C＝C 二重結合を含まないものを**飽和脂肪酸**，二重結合を含む脂肪酸を**不飽和脂肪酸**という．飽和脂肪酸では炭素鎖に C＝C 二重結合がないため，**図10.9**に示すように構造的な制約を受けず，直鎖状の炭素鎖が会合して，疎水相互作用が働きやすい．これに対して C＝C 二重結合の多い（不飽和度が高いという）不飽

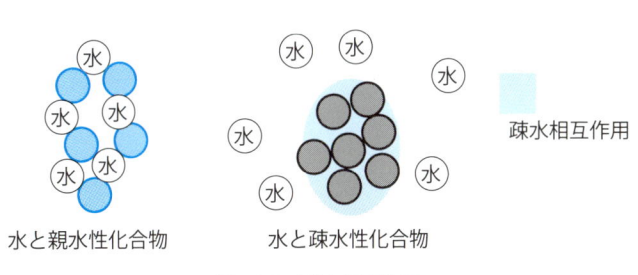

図 10.8　疎水相互作用

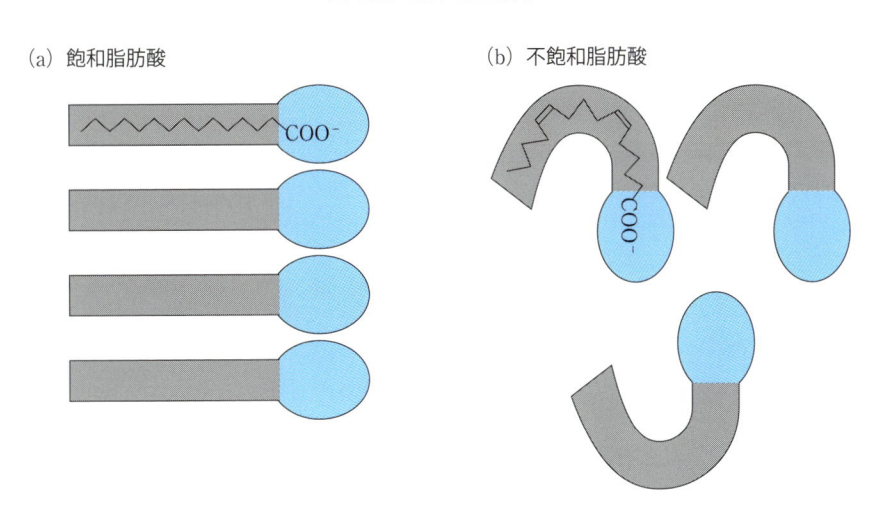

(a) 飽和脂肪酸　　(b) 不飽和脂肪酸

図 10.9　飽和脂肪酸と不飽和脂肪酸

和脂肪酸では，構造に制約が生じる．不飽和脂肪酸のC=C二重結合は cis 形をとるため不飽和度が高いほど分子は丸まった構造を取りやすくなる．したがって，分子どうしが接近しづらくなり，疎水相互作用が小さくなるのである．その結果，不飽和度が高いほど融点が低くなるのである．

　化合物の中には，親水性の部分と疎水性の部分の両方をもつものもある．このように親水性と疎水性の両方の性質をもつことを**両親媒性**であるという．脂肪酸も炭素鎖の部分が疎水性，カルボン酸が親水性なので両親媒性である．この性質を利用した代表的なものが石けんである．また，タンパク質の構造や生体膜においても両親媒性は重大な役割を果たしている．

　石けんは油脂をけん化（加水分解）すると得られる．下に示したような構造をしている．つまり，脂肪酸のアルカリ金属塩であるから両親媒性である．

$$
\begin{array}{l}
CH_2-OCO-R_1 \\
CH-OCO-R_2 \\
CH_2-OCO-R_3
\end{array}
+ 3KOH \longrightarrow
\begin{array}{l}
CH_2-OH \\
CH-OH \\
CH_2-OH
\end{array}
+
\begin{array}{l}
R_1-COOK \\
R_2-COOK \\
R_3-COOK
\end{array}
$$

この性質を利用すると水ではきれいにできない油汚れも洗浄できる．**図 10.10** のように，石けんの親水性部分が水と水素結合し，油汚れに石けんの疎水性部分が向き，疎水相互作用が働く．こうして油を石けんで取り囲めば，まわりは

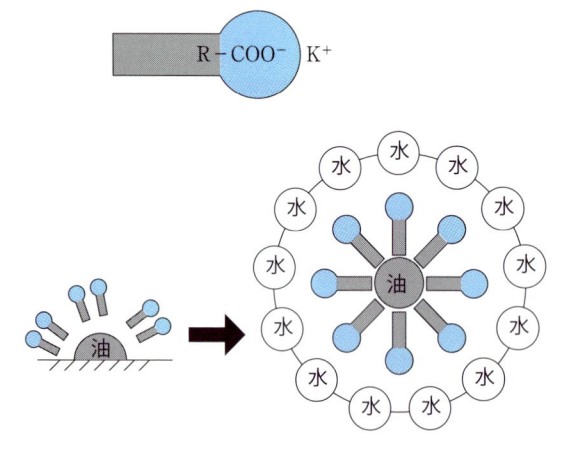

図 10.10　**石けんで洗浄するしくみ**

親水性なので水中に分散して，洗い流されてきれいになるのである．

　タンパク質はアミノ酸から構成されているが，アミノ酸の側鎖には親水性のものと疎水性のものがある．もし，親水性の側鎖ばかりであれば，芯のない広がった構造になってしまうだろう．逆に，疎水性の側鎖ばかりであれば，水に溶けない塊となって沈殿してしまうだろう．両方の側鎖があるおかげで，疎水性の側鎖は水に触れないように，親水性の側鎖が水和するように相互作用することで，タンパク質の構造が形成されるのである．

　生体膜の主成分であるリン脂質も両親媒性である．生体膜の基本構造である**リン脂質二重層**は図 10.11 のように，2 個の単分子膜の疎水性部分が中心部を形成し，炭化水素の側鎖がぴったり詰まって側鎖間のファン・デル・ワールス相互作用や疎水相互作用により安定化されている．さらに，親水性の部分どうしと水が水素結合，イオン結合で安定化している．このように疎水性の中心部があることで，二つの水溶液を仕切って区別できるのである．

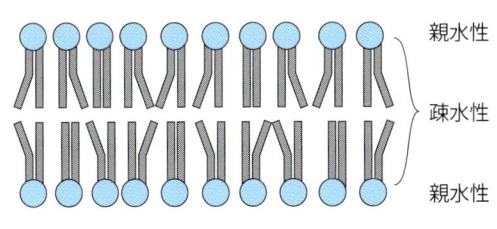

図 10.11　リン脂質二重層

問題

1. ニトロフェノールには，o-，m-，p- の3種があるが，分子内水素結合するものをすべて挙げ，結合の様子がわかるように構造式を描きなさい．

2. マレイン酸とフマル酸は，以下のような構造のシス-トランス異性体である．両者の融点はマレイン酸にくらべ，フマル酸のほうが非常に高い．この理由を説明しなさい．

```
       H     H                          H      COOH
        \   /                            \    /
         C=C                              C=C
        /   \                            /    \
    HOOC    COOH                      HOOC     H

       マレイン酸                         フマル酸
```

3. 次に示すただ1種の脂肪酸のみからなる油脂において，融点の高い順に並べなさい．その理由についても説明しなさい．
   1) （ア）ステアリン酸（$C_{17}H_{35}COOH$）
      （イ）リノール酸（$C_{17}H_{31}COOH$）
      （ウ）アラキジン酸（$C_{19}H_{39}COOH$）
   2) （ア）ステアリン酸（$C_{17}H_{35}COOH$）
      （イ）オレイン酸（$C_{17}H_{33}COOH$）
      （ウ）リノール酸（$C_{17}H_{31}COOH$）
      （エ）リノレン酸（$C_{17}H_{29}COOH$）

4. 以下を疎水性と親水性に分類しなさい．
   （ア）ベンゼン （イ）フェノール （ウ）エタノール （エ）-SH
   （オ）$-NH_2$ （カ）$-CH_3$ （キ）-COOH

第11章 結晶構造

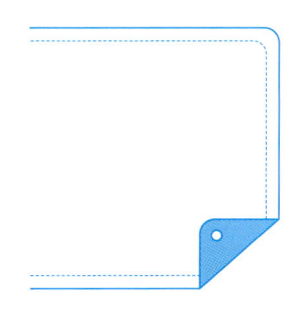

物質には気体・液体・固体という状態がある．純物質の固体は，結晶とアモルファス（無定形，非晶質）に大別される．結晶では，それを構成する原子，分子，イオンなどの粒子が3次元的に規則正しく配列している．一方，アモルファスでは，このような周期的配列をした結晶を作らずに固体となっている．アモルファスの例としては，ガラスやプラスチックなどがある．ここでは，いろいろな種類の結晶について学ぶ．

11.1 結晶格子

結晶では，3次元的な周期配列があるが，これを**結晶格子**，または**空間格子**といい，結晶格子を形成する最小の構造単位を**単位格子**という．

単位格子は平行六面体で，稜の長さ (a, b, c) と角度 (α, β, γ) によって特徴づけられる．これら6個の量を格子定数という．結晶構造は，対称性に応じて表 11.1 に示す7種類の**結晶系**に分類できる．

表 11.1 結晶系

結晶系	格子定数
三斜晶系	$a \neq b \neq c$, $\alpha \neq \beta \neq \gamma \neq 90°$
単斜晶系	$a \neq b \neq c$, $\alpha = \gamma = 90°$
斜方晶系	$a \neq b \neq c$, $\alpha = \beta = \gamma = 90°$
三方晶系	$a = b \neq c$, $\alpha = \beta = 90°$, $\gamma = 120°$
六方晶系	$a = b \neq c$, $\alpha = \beta = 90°$, $\gamma = 120°$
正方晶系	$a = b \neq c$, $\alpha = \beta = \gamma = 90°$
立方晶系	$a = b = c$, $\alpha = \beta = \gamma = 90°$

また，単位格子の8個の頂点以外に格子点を持たないものを**単純格子**という．他にも格子点を持つものを**複合格子**と呼び，単位格子の中心に格子点があるものを**体心格子**，6個の面の中央にそれぞれ格子点が1個あるものを**面心格子**，相対する1対の面に格子点を持つものを**底心格子**と呼ぶ．

　以上の分類により，単位格子は**図 11.1** の14種類に分けられ，これを**ブラベ格子**と呼ぶ．なお，例えば，結晶系が立方晶系で単純格子であれば，単純立方格子と呼ぶ．

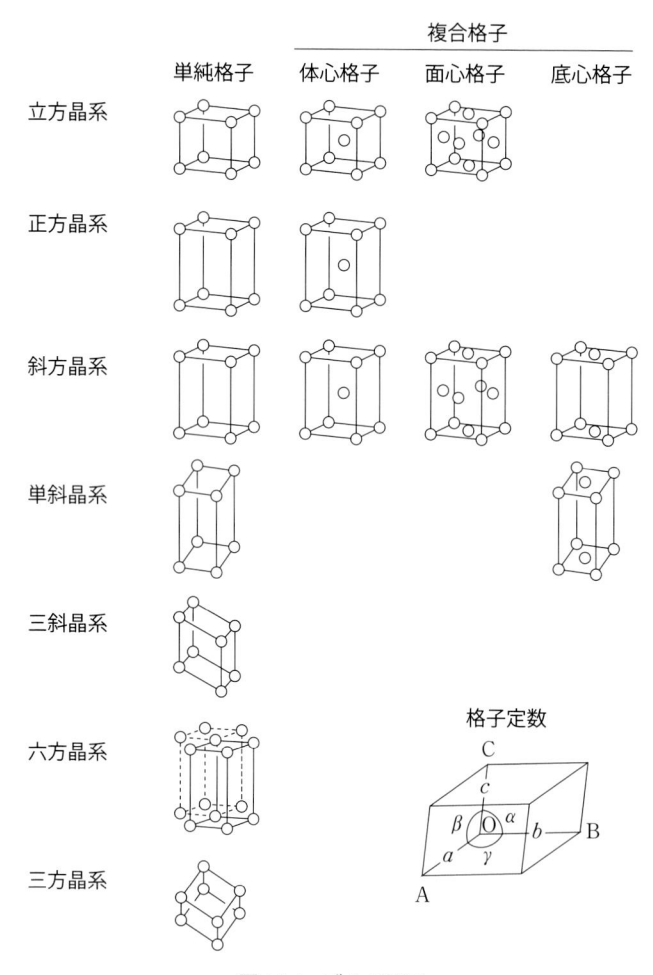

図 11.1　ブラベ格子

11.2 共有結合結晶

　共有結合によって無限に結合した原子が格子点を占める結晶を**共有結合結晶**という．共有結合結晶は結晶全体が一つの巨大分子となっている．代表例はダイヤモンドである．ダイヤモンドは炭素原子のみからなる炭素の単体である．図 11.2 のように，いずれの炭素原子も 4 個の炭素原子に正四面体型に囲まれている．つまり，各炭素原子は 8.1.1 項で学習したメタンと同様の sp^3 混成軌道をとっているのである．結合距離は 0.154 nm であり，C−C 単結合の長さに等しい．このように共有結合結晶は共有結合という強い結合力で 3 次元的に結合しているため，一般に，非常に硬く，融点も高いという性質を持つ．また，電子は局在しているので，電気伝導性もない．

　同族のケイ素，ゲルマニウムや炭化ケイ素もダイヤモンド型の共有結合結晶である．

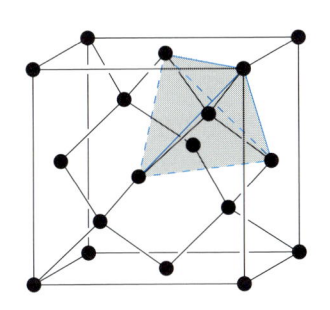

図 11.2　ダイヤモンドの結晶構造

11.3 金属結晶

　金属結晶は，格子点を占める金属陽イオンが共有結合により結びついて結晶を構成しているものである．しかし，共有結合結晶とは異なり，結合電子は結晶全体に広がっている．

　第 6 章で，等核二原子分子の分子軌道について詳しく検討した．同様にして，金属結晶の分子軌道について考えてみよう．ナトリウム結晶を例に考えてみる．

ナトリウム原子の基底電子配置は $(1s)^2(2s)^2(2p)^6(3s)^1$ である．表6.2 より 3s 軌道は 2p 軌道とエネルギー的にかなり離れているので，3s 軌道どうしの相互作用を考えよう．同じエネルギー準位にある軌道どうしの相互作用であるから，2 個の Na が結合した Na_2 では図 11.3 に示すようになる．つまり，2 個の 3s 軌道からエネルギー的に安定な結合性分子軌道と不安定な反結合性分子軌道が元の 3s 軌道のエネルギー準位から同程度のエネルギーの間隔で形成される．そして，安定な結合性分子軌道に 2 個の電子が入る．もう 1 個の Na が直線上に位置すれば，同じように相互作用を考えて，Na_3 に示したように 3 個の分子軌道が形成される．さらに，もう 1 個の Na を一直線上に並ぶように持ってくると，Na_4 に示したように 4 個の分子軌道が形成される．順次，原子の数を増やしていけば，n 個の Na 原子では，$n/2$ 個の結合性分子軌道と $n/2$ 個の反結合性分子軌道が形成される．原子の数が増えれば増えるほど，各結合性分子軌道のエネルギーの間隔も各反結合性分子軌道のエネルギーの間隔も小さくなる．無限に増やしていけば，図の右側に描いたように連続とみなせる．下半分は電子が占有した状態，上半分は電子のない空の状態となる．このように連続的に並んだ軌道は帯のように見えるので，これを**バンド**と呼ぶ．下半分は価電子が詰まっているので**価電子帯**，上半分を**伝導帯**という．両方を合わせて 3s バンドという．金属では，価電子帯と伝導帯がつながっている．

　結晶全体に広がった非局在化分子軌道ができるので，電子はどこにでも存在できる．このような電子を**自由電子**と呼ぶ．金属結晶では，価電子帯と伝導帯がつながっているので，わずかなエネルギーでも電子は容易に価電子帯から伝導帯に移り，自由に動きまわることができる．そのため，金属は電気伝導性や熱伝導性に優れているのである．

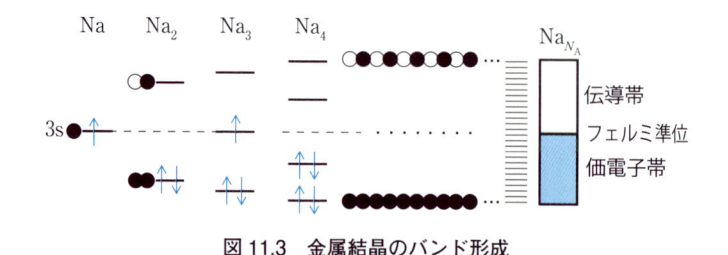

図 11.3　金属結晶のバンド形成

第 11 章　結晶構造

> **コラム**【コラム　絶縁体と半導体】

　上で見たように，金属結晶では価電子帯と伝導帯がつながっているために，容易に電子が遷移できて，電気伝導性を示す．

　11.2 節で扱ったダイヤモンドは，電気伝導性を示さない．このような物質を**絶縁体**というが，この性質の違いはどのように説明されるのだろうか．巨大分子であるダイヤモンドでは，sp^3 混成軌道による多数の C−C 結合が存在する．つまり，この場合も，結合性軌道のバンドと反結合成性軌道のバンドが形成される．しかし，これらのバンドはつながっていない．ダイヤモンドの C−C 結合は非常に強い結合であり，相互作用して生じる結合性軌道と反結合成軌道のエネルギー差が大きいからである．このバンドのエネルギー間隔を**バンド・ギャップ**という．そして，このつながっていない部分を**禁制帯**といい，ここは電子が占有することのできない領域である．また，ダイヤモンドでは結合性軌道のバンドは電子で完全に満たされているが，このようなバンドを**充満帯**と呼ぶ．バンド・ギャップが大きいと，充満帯から伝導帯に電子が遷移できないので，電気伝導性がないのである．

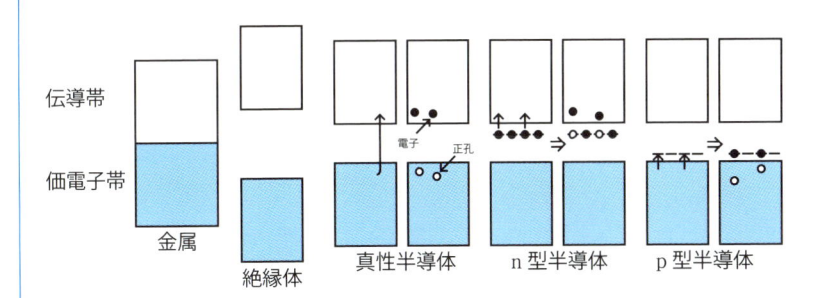

| | 金属 | 絶縁体 | 真性半導体 | n 型半導体 | p 型半導体 |

伝導帯
価電子帯
電子　正孔

　物質の中には，金属と絶縁体の中間の性質を持つものがあり，これを**半導体**と呼ぶ．シリコンが代表例である．Si は C と同族であるので，シリコンの結晶はダイヤモンドと同様の構造をしている．しかし，主量子数が一つ大きいため，Si−Si 結合の強さが C−C 結合ほど強くない．つまり，バンド・ギャップ

159

もダイヤモンドに比べ，小さいのである．このため，充満帯の電子は，ある程度のエネルギーで伝導帯に移ることができ，電気伝導性を示すのである．これを**真性半導体**という．また，充満帯の電子が伝導帯に移るときには，充満帯には電子の抜けた穴ができる．負電荷を帯びた電子が抜けるので，この穴は正の電荷をもつ．そこで，この穴を**正孔**と呼ぶ．

真性半導体に対して，不純物を含む半導体を**不純物半導体**と呼ぶ．不純物半導体には**n型半導体**，**p型半導体**と呼ばれる2種類がある．n型半導体では前頁の図のように，電子を余分に持つ不純物の軌道が伝導帯の下に位置しており，この**不純物準位**から電子が伝導帯に励起される．伝導帯に遷移した電子が電気伝導性を与えるので，電子はマイナス（negative）の電気を持つことからこのタイプをn型半導体という．逆に，空軌道の不純物準位が充満帯のすぐ上に位置していると，充満帯から不純物準位に電子が励起する．この場合は，充満帯の正孔が電気伝導性を与えるので，正孔はプラス（positive）の電気を持つことからこのタイプをp型半導体という．SiやGeにリン（P）やヒ素（As）を添加するとn型半導体，アルミニウム（Al）やガリウム（Ga）を加えるとp型半導体になる．

p型半導体とn型半導体を接合させると，p型半導体の正孔はn型半導体中に広がり，n型半導体の電子はp型半導体中に広がるため，接合部ではp型半導体中では－に，n型半導体中では＋になって，互いが打ち消し合い，電流を

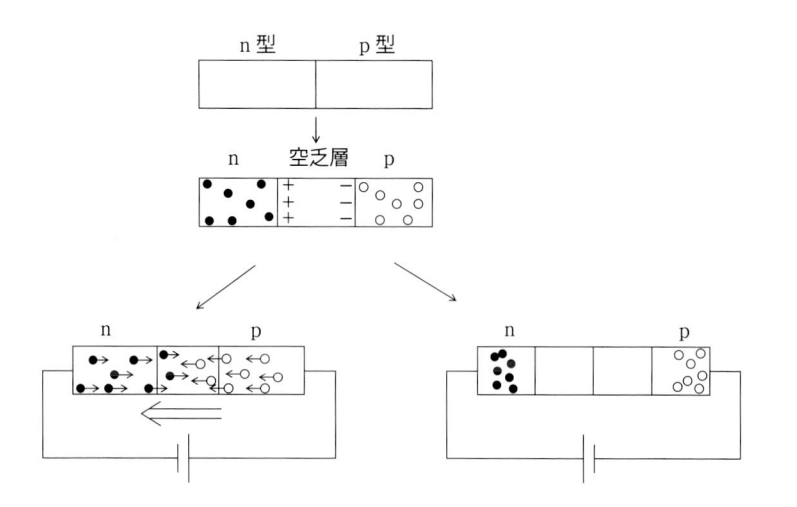

流すキャリアがいない状態，**空乏層**が生じる．ここに，左下のように電圧をかけると，p型半導体中の正孔は空乏層を通過してn型半導体中に流れ込み，n型半導体中の電子は空乏層を通過してp型半導体中に流れ込むので，電流は流れ続ける．しかし，右下のように電圧をかけると，p型半導体中の正孔は－電極側へ，n型半導体中の電子は＋電極側へ移動し，空乏層中のキャリアも不足し，空乏層はさらに大きくなり，電流は流れなくなる．つまり，電流は一方向にしか流れない．この現象は**整流**，**スイッチング**などに利用されている．

　電子が1個多いマグネシウムでは，$(3s)^2$であるから3sバンドは完全に満たされてしまうが，電気伝導性がある．これは，なぜだろうか．3s軌道の次にエネルギー準位の高い軌道は3p軌道である．これも3sバンド同様に，無数の原子が集まったことにより3pバンドを形成している．この3pバンドは空である．金属結晶では3sバンドと3pバンドが図11.4のように一部重なってい

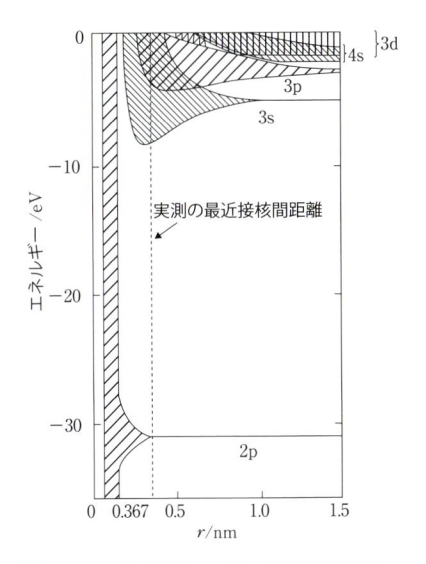

図11.4　エネルギー・バンドと核間距離
【出典】A. Beiser, *Concepts of Modern Physics*, 4th Ed., McGraw-Hill, New York(1987)を一部改変して引用．

るため，3sバンドから3pバンドへ電子が移動でき，同じように電気伝導性や熱伝導性が生じるのである．

　さて，金属結晶の結晶構造はどのような構造をしているだろうか．金属イオンは価電子を失い，球形をしているとみなせる．方向性がないので，できるだけ密に詰まろうとする．同じ大きさの球を隙間が最も小さくなるように積み重ねた構造を**最密構造**といい，**六方最密構造**と**立方最密構造**の2種類がある．図11.5のように平面状に同じ大きさの球をできるだけ密に並べると，1個の球のまわりには6個の球が接触することになる．これを第1層とする．第1層の上に，できるだけ密になるように球を並べるには，第1層の隙間の上に球を置くように並べればよい．これを第2層とする．第2層の隙間は2種類あるので，第2層の上に球を並べるには2通りある．一つは，(a) のように第1層の球の真上に球が位置するように並べる方法である．もう一つは，第1層の隙間の真上にできている隙間に球を置く (b) のような並べ方である．(a) のようにABABAB・・・の順序で層が繰り返されるタイプを六方最密構造という．単位格子は六方格子である．(b) のようにABCABCABC・・・の順序で層が繰り返されるタイプを立方最密構造といい，その結晶格子は面心立方格子となる．いずれの場合も1個の球に隣接する球は12個である．

　最密充填ではないが，金属結晶の構造として知られる構造に図11.6に示す**体心立方構造**がある．この構造では，1個の球の上下に4個ずつの球が正方形になるように並んでおり，その結晶格子は体心立方格子である．

　温度によって構造が変化するものもあるが，常温・常圧では，例えば，LiやNaなどのアルカリ金属は体心立方構造，BeやMgは六方最密構造，CaやSrは立方最密構造をとる．

　単位格子の体積に占める原子の体積の割合を**充填率**という．それぞれの結晶構造の単位格子で充填率を計算してみよう．

　原子の半径を r，格子定数を a としよう．体心立方格子では図11.7のように単位格子中の原子は2個である．$\sqrt{3}a = 4r$ であるから，充填率は68%となる．面心立方格子では，単位格子中の原子は4個である．$\sqrt{2}a = 4r$ であるから，充填率は74%となる．六方最密構造と立方最密構造は層の重ね方が違うだけなので，充填率は同じ値である．

162

第 11 章　結晶構造

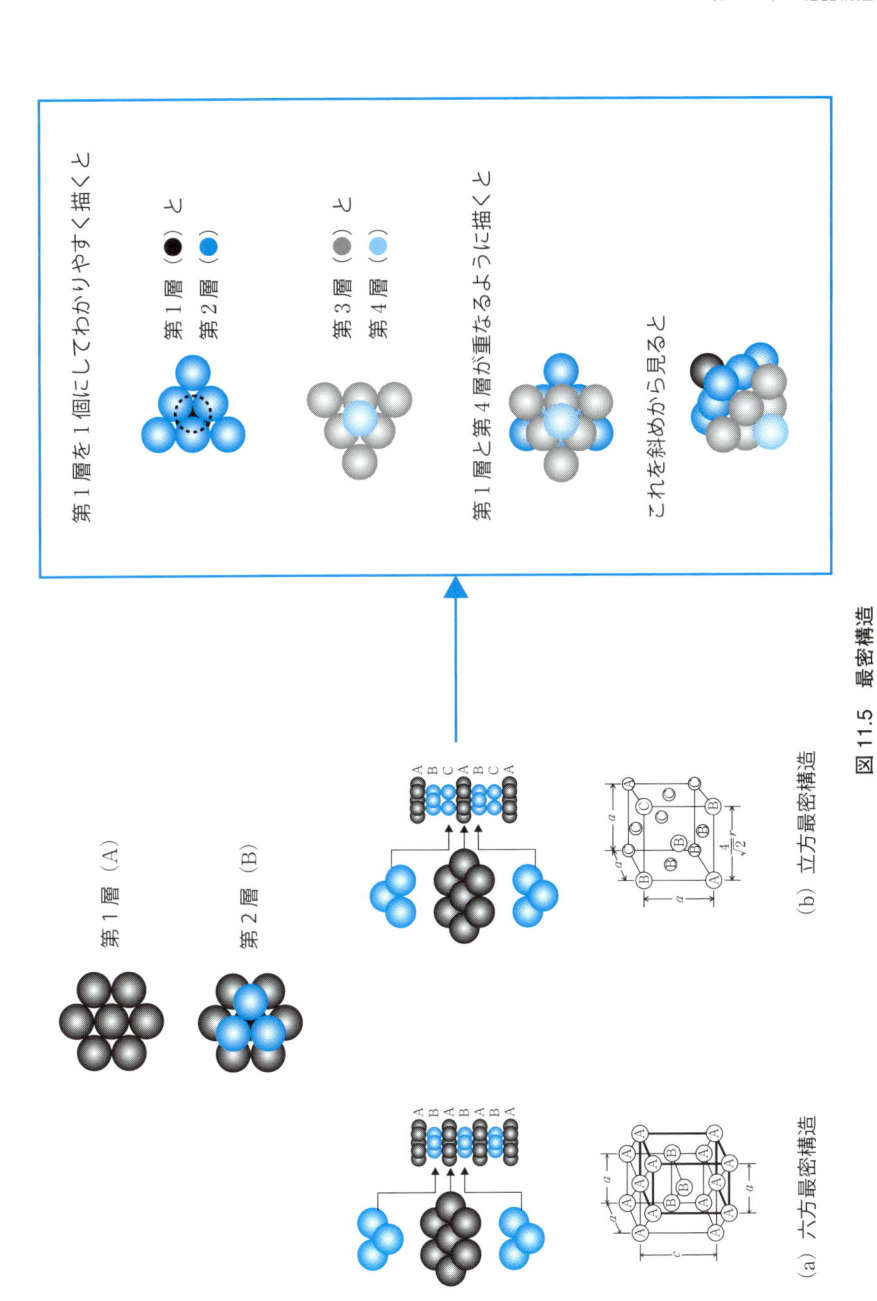

第 1 層を 1 回にしてわかりやすく描くと

第 1 層 (●) と
第 2 層 (●)

第 3 層 (●) と
第 4 層 (●)

第 1 層と第 4 層が重なるように描くと

これを斜めから見ると

第 1 層 (A)

第 2 層 (B)

(a) 六方最密構造

(b) 立方最密構造

図 11.5　最密構造

163

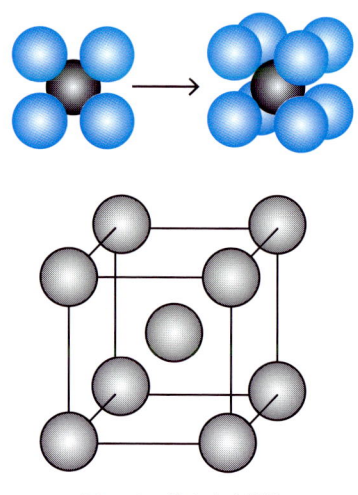

図 11.6 体心立方構造

体心立方格子

$$\frac{1}{8} \times 8 + 1 = 2 \text{ 個}$$

$$r = \frac{\sqrt{3}\,a}{4}$$

面心立方格子

$$\frac{1}{8} \times 8 + \frac{1}{2} \times 6 = 4 \text{ 個}$$

$$r = \frac{\sqrt{2}\,a}{4}$$

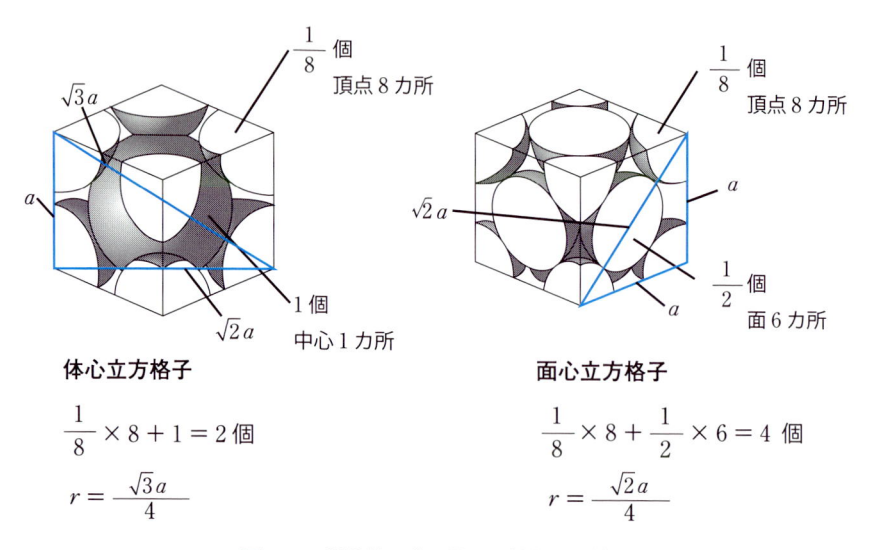

図 11.7 単位格子中の原子の数とその断面

11.4 イオン結晶

イオン結晶は，陽イオンと陰イオンが静電相互作用で結合した結晶である．すなわち，同符号のイオン間には斥力が働き，反対符号のイオン間には引力がはたらく結果，陽イオンと陰イオンが交互に規則正しく配列している．結合力が比較的強い結合であるクーロン引力なので，一般に，イオン結晶は硬く，融点も比較的高い．固体の状態ではイオンは動けないので電気伝導性はないが，融解するとイオンが動けるようになり，また，水に溶解すればイオンがばらばらになるため，電気伝導性を示すようになる．

あるイオンのまわりに存在する最も近い反対符号のイオンの数を**配位数**という．また，イオンを球とみなしたときの半径を**イオン半径**というが，イオン結晶中において接触する陽イオンと陰イオンの核間距離は各イオン半径の和で近似される．すなわち，陽イオンと陰イオンの相対的な大きさとその数によって配位数，結晶構造が決定される．

例えば，陽イオンと陰イオンの配位数が等しい MX という一般式をもつ結晶について考えてみよう．イオンを球とみなせば，各イオンのまわりにできる限り多くの反対符号のイオンが配位する構造をとるときに安定となる．ある陽イオンのまわりを陰イオンが取り囲んだときの半径比と安定性を考えよう．図 11.8 に陽イオンとそれを取り囲む 4 個の陰イオンを示した．一般的に陽イオンよりも陰イオンのほうが大きいが，陽イオンに対して陰イオンが大きくなると，陰イオンどうしが近づきすぎて斥力がはたらき，静電的に不安定になると考えられる．このような場合は配位数の少ない結晶構造になったほうが有利である．

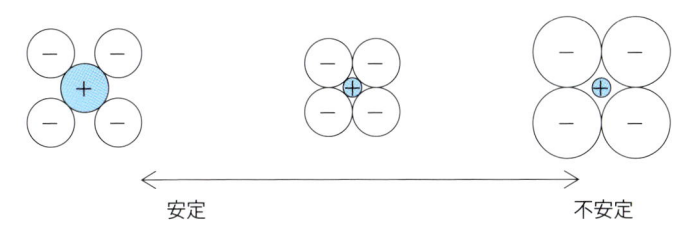

図 11.8 陽イオンと陰イオンの大きさと静電的安定性

MX型の結晶におけるイオン半径比と結晶構造の関係について，数学的に考察してみよう．MX型の結晶の代表的な構造には図11.9に示す塩化ナトリウム型，塩化セシウム型，閃亜鉛鉱型が挙げられる．

　塩化ナトリウム型では，NaClのように陽イオンの単位格子も陰イオンの単位格子も面心立方格子となっている．

　塩化セシウム型では，CsClのように陽イオンも陰イオンも単位格子が単純立方格子となっている．

　閃亜鉛鉱型では，ZnSのようにダイヤモンドの最隣接原子（イオン）を別の種類の原子（イオン）で置き換えた構造となっている．

　いま，陽イオン半径をr_c，陰イオン半径をr_aとしよう．まず，配位数6の塩化ナトリウム型で陽イオンと陰イオンが接触する半径比を計算してみよう．図11.10（i-1）のように正八面体の中心にNa$^+$，頂点に6個のCl$^-$が配置する構造である．（i-2）の断面図から陽イオンと陰イオンが接触するときの半

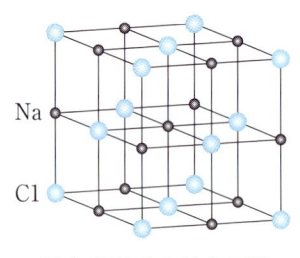

（ⅰ）塩化ナトリウム型

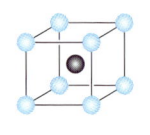

（ⅱ）塩化セシウム型

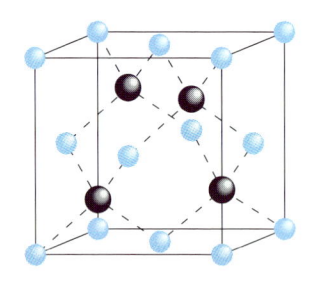

（ⅲ）閃亜鉛鉱型

図11.9　代表的なイオン結晶の型

径の間には以下の式が成り立つ.

$$(2r_a)^2 + (2r_a)^2 = (2r_a + 2r_c)^2$$

この式から次式が得られる.

$$\frac{r_c}{r_a} = -1 + \sqrt{2} \approx 0.414$$

したがって, 6配位の NaCl 型をとるには,

$$\frac{r_c}{r_a} > 0.414$$

という条件が得られる.

同様にして, 配位数 8 の CsCl 型の条件を計算してみよう. 図 11.10（ii-1）のように立方体の中心に Cs^+, 頂点に 8 個の Cl^- が配置する構造である.（ii-2）の断面図から陽イオンと陰イオンが接触するときの半径の間には以下の式が成り立つ.

$$(2r_a)^2 + (2\sqrt{2}r_a)^2 = (2r_a + 2r_c)^2$$

この式より,

$$\frac{r_c}{r_a} = -1 \pm \sqrt{3} \approx 0.732$$

したがって, 8 配位の CsCl 型をとるには,

$$\frac{r_c}{r_a} > 0.732$$

という条件が得られる.

配位数 4 の閃亜鉛鉱型の条件も同様に計算してみよう. 一つの陽イオンに着目すると, 4 個の陰イオンが取り囲んでいることがわかる. つまり, 図 11.10（iii-1）のように正四面体の中心に陽イオン, 頂点に 4 個の陰イオンが配置する構

（i-1） （i-2）

（ⅰ）塩化ナトリウム型

（ⅱ-1） （ⅱ-2）

（ⅱ）塩化セシウム型

（ⅲ-1） （ⅲ-2）

（ⅲ）閃亜鉛鉱型

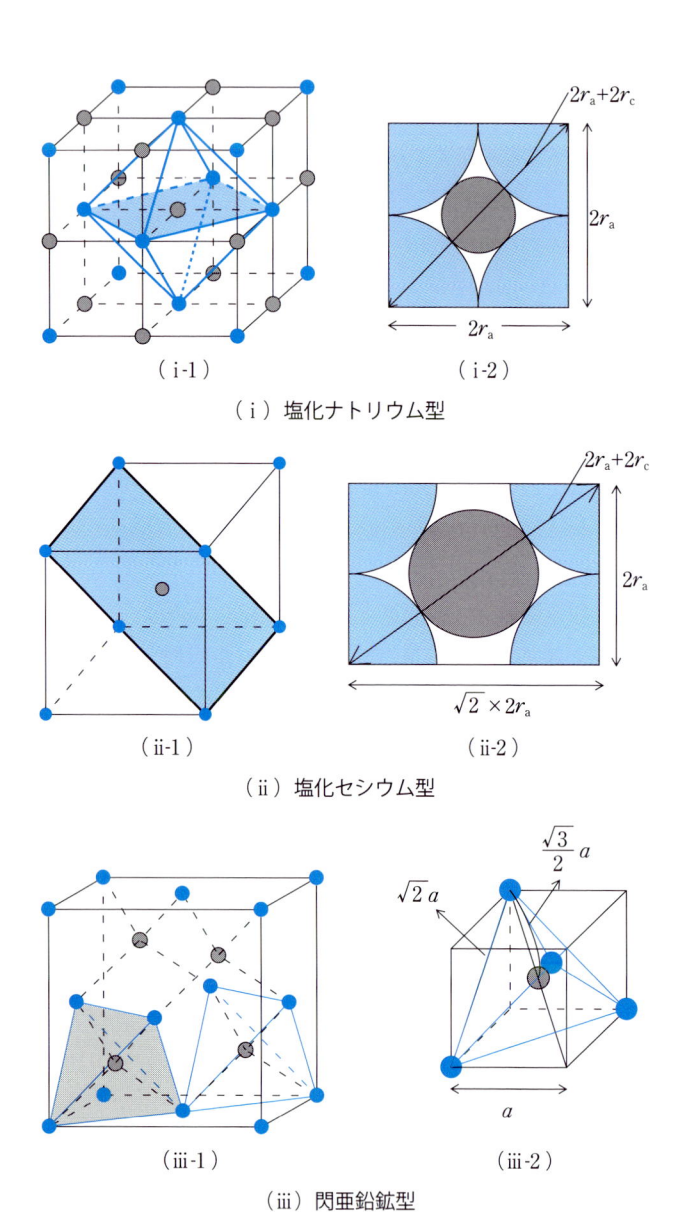

図 11.10　陽イオンと陰イオンの接触

造である．（ⅲ-2）の立方体の1辺の長さをaとすれば，断面図から陽イオンと陰イオンが接触するときの半径の間には以下の式が成り立つ．

$$\sqrt{2}a = 2r_a$$

$$\frac{\sqrt{3}}{2}a = r_a + r_c$$

これらの式より，

$$\frac{r_c}{r_a} = \sqrt{\frac{3}{2}} - 1 \approx 0.225$$

したがって，4配位の閃亜鉛鉱型をとるには，

$$\frac{r_c}{r_a} > 0.225$$

という条件が得られる．

 以上より，陽イオンと陰イオンの半径比と配位数の間には**表 11.2** の関係があると推察される．
 具体的な例を見てみよう．NaCl では，Na^+，Cl^- の半径はそれぞれ 0.95 Å，1.81 Å であるので，$r_c/r_a \approx 0.525$ となり，NaCl 型をとることがわかる．CsCl では，Cs^+，Cl^- の半径はそれぞれ 1.69 Å，1.81 Å であるので，$r_c/r_a \approx 0.934$ となり，CsCl 型をとることがわかる．

表11.2 イオン半径比と配位数

半径比（r_c/r_a）	0.225〜0.414	0.414〜0.732	0.732〜
配位数	4	6	8
結晶構造	閃亜鉛鉱型	NaCl 型	CsCl 型

11.5 分子性結晶（分子結晶）

　電荷を持たない独立した分子が格子点を占め，ファン・デル・ワールス相互作用により凝集している結晶を**分子性結晶**または**分子結晶**という．分子性結晶では分子間に働く力は多くの場合，ファン・デル・ワールス相互作用であるが，場合によっては静電相互作用が加わる．

　希ガスは電子配置が安定であり，球状の単原子分子として存在する．方向性がないので，密に詰まろうとする．したがって，11.3節で学習したように最密構造をとる．例えば，ヘリウムの固体の構造は圧力によって異なり，六方最密構造，体心立方構造，立方最密構造をとる．アルゴンやキセノンの固体は立方最密構造をとる．希ガス元素の単原子分子のほかに，酸素，窒素，二酸化炭素やベンゼン，ナフタレンなどの多くの有機化合物の結晶が分子性結晶に分類される．多原子分子の場合にも，ファン・デル・ワールス相互作用が有効に働くように，なるべく最密構造に近い形に結晶が形成される．二酸化炭素の結晶構造を**図 11.11** に示す．二酸化炭素の炭素原子が立方体の各頂点と各面の中心に位置している．また酸素が負，炭素が正に帯電しているので，ファン・デル・ワールス相互作用に加えて，静電相互作用も加わる．

　分子性結晶の結合力は弱いファン・デル・ワールス相互作用であるため，一般に，もろく，軟らかく，融点も低い．

　さて，共有結合結晶と分子性結晶の両方の性質をあわせもつ結晶もある．その代表例がグラファイト（黒鉛）である．グラファイトはダイヤモンドの同素

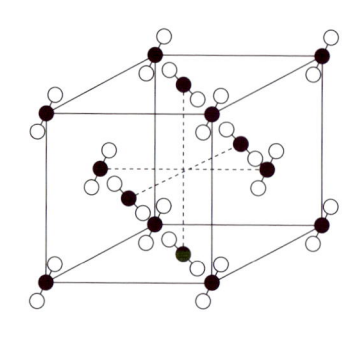

図 11.11　二酸化炭素の結晶構造

体であるが，その構造はまったく異なり，図 11.12 に示すように，正六角形に配列した炭素原子が二次元的にどんどんつながった巨大な平面状分子を構成し，このシートどうしが層状に積み上げられた構造をしている．シート内では，各炭素原子が sp^2 混成軌道を用いて σ 結合を形成し，平面状につながっている．また，混成に関与しなかった p 軌道がシート全体に広がる非局在化 π 軌道を形成している．したがって，シート内の結合は共有結合であり，共有結合結晶であるといえる．さらに，シート間は層間距離 0.335 nm で，ファン・デル・ワールス相互作用によりゆるく結合しており，シート状の巨大分子の分子性結晶であるともいえる．このように，グラファイトは共有結合結晶でもあり，分子性結晶でもある．シートどうしはファン・デル・ワールス相互作用による結合のため，グラファイトは軟らかく，薄くはがれやすい．また，シート状に π 電子が広がっているため，電気伝導性を示すのである．

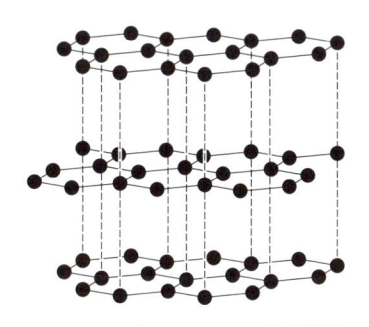

図 11.12　グラファイトの結晶構造

11.6　水素結合性結晶

　格子点を占める分子が，水素結合で結びついて結晶を構成するものを**水素結合性結晶**と呼ぶ．前節で学んだ分子性結晶は分子が格子点を占める結晶と定義することもあるので，水素結合性結晶を分子性結晶に含めることもある．水素結合性結晶の代表例は氷である．氷の結晶構造を図 11.13 に示す．1 個の水分子のまわりには 4 個の水分子が水素結合している．これは，水分子の酸素原子

が sp^3 混成軌道に近い形をとっているためである．結合に方向性があるため最密構造を取ることはできないので，隙間の多い構造となっている．氷が融けて水になると体積が減少するのは，水素結合による束縛がなくなっていくためである．

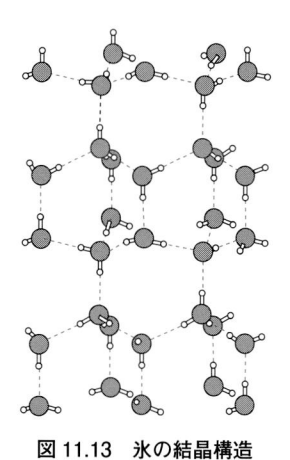

図 11.13　氷の結晶構造
【出典】L.Pauling, "*The Chemical Bond*", Cornell University Press, Ithaca（1967）より一部改変して引用．

問題

1. Mg^{2+}，O^{2-} のイオン半径はそれぞれ 0.065 nm，0.140 nm である．MgO の結晶構造はどのような構造をとると考えられるか．

2. ダイヤモンドとグラファイトの結晶構造はどのような構造か．軌道の図を用いて説明しなさい．また，その結晶構造からどのような性質と考えられるか．

3. 炭素はダイヤモンドとグラファイトの構造をとるように，窒化ホウ素 BN もダイヤモンド型の構造とグラファイト型の構造をとる．グラファイトは電気伝導性を示すのに対して，グラファイト型の構造の窒化ホウ素は，電気を通さない．この理由を説明しなさい．

4. 次に示す単位格子の格子点間の最短距離を求めよ．ただし，単位格子の 1 辺の長さを a としなさい．
   1) 単純格子
   2) 体心立方格子
   3) 面心立方格子

5. アルゴンの結晶は面心立方構造でその格子定数は 5.43 Å である．アルゴンのファン・デル・ワールス半径を求めなさい．

付　表

1. 固有の名称と記号をもつ SI 組立単位の例 [a]

物　理　量	SI 単位の名称		記号	SI 基本単位による表現
周波数・振動数	ヘルツ	hertz	Hz	s^{-1}
力	ニュートン	newton	N	$m\ kg\ s^{-2}$
圧力, 応力	パスカル	pascal	Pa	$m^{-1}\ kg\ s^{-2}(=N\ m^{-2})$
エネルギー, 仕事, 熱量	ジュール	joule	J	$m^2\ kg\ s^{-2}(=N\ m=Pa\ m^3)$
工率, 仕事率	ワット	watt	W	$m^2\ kg\ s^{-3}(=J\ s^{-1})$
電荷・電気量	クーロン	coulomb	C	$s\ A$
電位差（電圧）・起電力	ボルト	volt	V	$m^2\ kg\ s^{-3}\ A^{-1}(=J\ C^{-1})$
静電容量・電気容量	ファラド	farad	F	$m^{-2}\ kg^{-1}\ s^4\ A^2(=C\ V^{-1})$
電気抵抗	オーム	ohm	Ω	$m^2\ kg\ s^{-3}\ A^{-2}(=V\ A^{-1})$
コンダクタンス	ジーメンス	siemens	S	$m^{-2}\ kg^{-1}\ s^3\ A^2(=\Omega^{-1})$
磁　束	ウェーバ	weber	Wb	$m^2\ kg\ s^{-2}\ A^{-1}(=V\ s)$
磁束密度	テスラ	tesla	T	$kg\ s^{-2}\ A^{-1}(=V\ s\ m^{-2})$
インダクタンス	ヘンリー	henry	H	$m^2\ kg\ s^{-2}\ A^{-2}(=V\ A^{-1}\ s)$
セルシウス温度 [b]	セルシウス度	degree Celsius	℃	K
平　面　角	ラジアン	radian	rad	1
立　体　角	ステラジアン	steradian	sr	1
放　射　能 [c]	ベクレル	becquerel	Bq	s^{-1}
吸収線量 [c]	グレイ	gray	Gy	$m^2\ s^{-2}(=J\ kg^{-1})$
線量当量 [c]	シーベルト	sievert	Sv	$m^2\ s^{-2}(=J\ kg^{-1})$
酵素活性 [c]	カタール	katal	kat	$mol\ s^{-1}$

a) 人名に由来する単位の記号は大文字で始め，その他の単位記号はすべて小文字とする．ただし体積の単位リットル l は数字の 1 とまぎらわしいので，例外として大文字 L を用いてもよい（イタリック体 *l* としない）．単位の名称は，人名に由来する場合でも（セルシウス度の Celsius を除き）小文字で始める．
b) セルシウス温度は $\theta/℃ = T/K - 273.15$ と定義される．
c) 人の健康保護に関連して，1970 年代の後半以降に導入された組立単位である．

2. SI 以外の単位

2.1 SI と併用される単位

物理量	単位の名称			記号	SI 単位による表現
時間	分		minute	min	60 s
時間	時		hour	h	3600 s
時間	日		day	d	86 400 s
平面角	度		degree	°	$(\pi/180)$ rad
体積	リットル		litre, liter	l, L	10^{-3} m^3
質量	トン		tonne, ton	t	10^3 kg
長さ	オングストローム		ångström	Å	10^{-10} m
圧力	バール		bar	bar	10^5 Pa
面積	バーン		barn	b	10^{-28} m^2
エネルギー	電子ボルト [a,b]		electronvolt	eV	$1.602\ 18 \times 10^{-19}$ J
質量	ダルトン [a,c]		dalton	Da	$1.660\ 54 \times 10^{-27}$ kg
	統一原子質量単位		unified atomic mass unit	u	1 u = 1Da

a) 現時点で最も正確と信じられている物理定数を用いて求めた値。正確な数値は，eV では 1.602 176 487(40)，Da では 1.660 538 782(83) である．

b) 電子ボルトの大きさは，真空中で 1 V の電位差の空間を通過することにより電子が得る運動エネルギーである．電子ボルトは，meV，keV のように，しばしば SI 接頭語をつけて使われる．

c) Da は 2006 年から正式に承認されている．今まで使われていた u と同一の単位であり，「静止して基底状態にある自由な炭素原子 ^{12}C の質量の 1/12 に等しい質量」の記号である．高分子の質量を表すときには kDa，MDa など，原子あるいは分子の微小な質量差を表すときには nDa，pDa などのように，SI 接頭語と組み合わせた単位を使うことができる．

2.2 そのほかの単位

以下にあげる単位は，従来の文献でよく使われたものである．この表は，それらの単位の身元を明らかにし，SI 単位への換算を示すためのものである．

物理量	単位の名称		記号	SI 単位による表現
力	ダイン	dyne	dyn	10^{-5} N
圧力 [a]	標準大気圧（気圧）	standard atmosphere	atm	101 325 Pa
圧力	トル（mmHg）	torr（mmHg）	Torr	≈ 133.322 Pa
エネルギー	エルグ	erg	erg	10^{-7} J
エネルギー [a]	熱化学カロリー	thermochemical calorie	cal_{th}	4.184 J
磁束密度	ガウス	gauss	G	10^{-4} T
電気双極子モーメント	デバイ	debye	D	≈ $3.335\ 641 \times 10^{-30}$ C m
粘性率	ポアズ	poise	P	10^{-1} Pa s
動粘性率	ストークス	stokes	St	10^{-4} m^2 s^{-1}
放射能 [a]	キュリー	curie	Ci	3.7×10^{10} Bq
照射線量 [a]	レントゲン	röntgen	R	2.58×10^{-4} C kg^{-1}
吸収線量	ラド	rad	rad	10^{-2} Gy
線量当量	レム	rem	rem	10^{-2} Sv

a) 定義された値である．

【出典】1～2：日本化学会 単位・記号専門委員会，「化学で使われる量・単位・記号」化学と工業，Vol. 66, No. 4 および化学と教育，Vol. 61, No. 4（2013）を一部改変して引用．
http://www.chemistry.or.jp/activity/unit2013.pdf

索　引

【欧字】

AO	48
D	102
debye	102
D 線	50
g	74
high-spin 状態	140
HOMO	79
LCAO-MO 法	69
low-spin 状態	140
LUMO	79
MO	69
n 型半導体	160
p 型半導体	160
sp 混成軌道	113
sp^2 混成軌道	111
sp^3 混成軌道	110
sp^3d^2 混成軌道	115
u	74
VSEPR 理論	120
α スピン	50
α 線	5
β スピン	50
π 軌道	73
π 結合	113
σ 軌道	72
σ 結合	112

【あ】

アインシュタイン	14
アップスピン	50
アボガドロ	2
アボガドロの法則	2
アモルファス	155
アリストテレス	1

【い】

イオン化エネルギー	62
イオン結晶	165
イオン半径	165
一重結合	77
陰極線	2

【う】

上向きスピン	50

【え】

永久双極子	143
エネルギー量子	12

【お】

オービタル	48

【か】

ガーマー	29
外軌道錯体	138
回折	24
角運動量	24
重なり積分	70
価電子帯	158
干渉	24

【き】

奇	74
規格化係数	69
規格化条件	38
気体反応の法則	2

基底電子配置	55	ゲルラッハ	51
軌道	48	けん化	152
軌道関数	48	限界構造式	105
球面調和関数	46	原子	1
共鳴	105	原子価状態	109
共鳴理論	105	原子軌道	48
共役二重結合	123	原子軌道関数	48
共有結合	129	原子説	1
共有結合結晶	157	原子模型	4
局在化軌道	122		
禁制帯	159	**【こ】**	
金属結晶	157	光子	14
金属錯体	133	構成原理	55
		光電効果	14
【く】		光電子	14
偶	73	光量子	14
空間格子	155	黒体放射	13
偶奇性	73	固有関数	37
空軌道	79	固有値	37
空洞放射	13	孤立電子対	119
空乏層	161	混成	110
クーロンポテンシャル	22	混成軌道	107
クーロン力	22	コンプトン	24
		コンプトン散乱	24
【け】			
ゲー・リュサック	2	**【さ】**	
結合エネルギー	78, 82	最密構造	162
結合解離エネルギー	78	三重結合	78
結合次数	77		
結合性軌道	70	**【し】**	
結合性領域	68	磁気量子数	48
結合電子対	119	磁性	79
結合モーメント	103	下向きスピン	50
結晶	155	質量保存の法則	1
結晶系	155	遮蔽効果	57
結晶格子	155	周期表	62
結晶場	139	自由電子	158
結晶場理論	138	充填率	162

充満帯⋯⋯⋯⋯⋯⋯⋯⋯⋯⋯⋯	159
縮重⋯⋯⋯⋯⋯⋯⋯⋯⋯⋯⋯⋯	49
縮退⋯⋯⋯⋯⋯⋯⋯⋯⋯⋯⋯⋯	49
シュテルン⋯⋯⋯⋯⋯⋯⋯⋯⋯	51
主量子数⋯⋯⋯⋯⋯⋯⋯⋯⋯⋯	48
シュレーディンガー⋯⋯⋯⋯⋯	33
シュレーディンガーの波動方程式⋯⋯	33
昇位⋯⋯⋯⋯⋯⋯⋯⋯⋯⋯⋯⋯	108
常磁性⋯⋯⋯⋯⋯⋯⋯⋯⋯⋯⋯	79
真空の誘電率⋯⋯⋯⋯⋯⋯⋯⋯	17
親水性⋯⋯⋯⋯⋯⋯⋯⋯⋯⋯⋯	150
真性半導体⋯⋯⋯⋯⋯⋯⋯⋯⋯	160
振動数⋯⋯⋯⋯⋯⋯⋯⋯⋯⋯⋯	21
振幅⋯⋯⋯⋯⋯⋯⋯⋯⋯⋯⋯⋯	21

【す】

水素結合⋯⋯⋯⋯⋯⋯⋯⋯⋯⋯	146
水素結合性結晶⋯⋯⋯⋯⋯⋯⋯	171
水素原子の発光スペクトル⋯⋯	9
水素類似原子⋯⋯⋯⋯⋯⋯⋯⋯	45
スイッチング⋯⋯⋯⋯⋯⋯⋯⋯	161
ストーニー⋯⋯⋯⋯⋯⋯⋯⋯⋯	4
スピン角運動量⋯⋯⋯⋯⋯⋯⋯	51
スピン磁気量子数⋯⋯⋯⋯⋯⋯	49

【せ】

正孔⋯⋯⋯⋯⋯⋯⋯⋯⋯⋯⋯⋯	160
静電相互作用⋯⋯⋯⋯⋯⋯⋯⋯	143
整流⋯⋯⋯⋯⋯⋯⋯⋯⋯⋯⋯⋯	161
絶縁体⋯⋯⋯⋯⋯⋯⋯⋯⋯⋯⋯	159
節球面⋯⋯⋯⋯⋯⋯⋯⋯⋯⋯⋯	55
石けん⋯⋯⋯⋯⋯⋯⋯⋯⋯⋯⋯	152
節平面⋯⋯⋯⋯⋯⋯⋯⋯⋯⋯⋯	51
セル・モデル⋯⋯⋯⋯⋯⋯⋯⋯	108
遷移⋯⋯⋯⋯⋯⋯⋯⋯⋯⋯⋯⋯	19

【そ】

疎水結合⋯⋯⋯⋯⋯⋯⋯⋯⋯⋯	151

疎水性⋯⋯⋯⋯⋯⋯⋯⋯⋯⋯⋯	150
疎水相互作用⋯⋯⋯⋯⋯⋯⋯⋯	151
素電荷⋯⋯⋯⋯⋯⋯⋯⋯⋯⋯⋯	4

【た】

体心格子⋯⋯⋯⋯⋯⋯⋯⋯⋯⋯	156
体心立方構造⋯⋯⋯⋯⋯⋯⋯⋯	162
ダウンスピン⋯⋯⋯⋯⋯⋯⋯⋯	50
単位格子⋯⋯⋯⋯⋯⋯⋯⋯⋯⋯	155
単結合⋯⋯⋯⋯⋯⋯⋯⋯⋯⋯⋯	77
単純格子⋯⋯⋯⋯⋯⋯⋯⋯⋯⋯	156

【て】

定常状態⋯⋯⋯⋯⋯⋯⋯⋯⋯⋯	19
定常波⋯⋯⋯⋯⋯⋯⋯⋯⋯⋯⋯	28
底心格子⋯⋯⋯⋯⋯⋯⋯⋯⋯⋯	156
定比例の法則⋯⋯⋯⋯⋯⋯⋯⋯	1
デヴィッソン⋯⋯⋯⋯⋯⋯⋯⋯	29
デモクリトス⋯⋯⋯⋯⋯⋯⋯⋯	1
電荷移動錯体⋯⋯⋯⋯⋯⋯⋯⋯	145
電荷移動相互作用⋯⋯⋯⋯⋯⋯	145
電荷素量⋯⋯⋯⋯⋯⋯⋯⋯⋯⋯	4
電気陰性度⋯⋯⋯⋯⋯⋯⋯⋯⋯	100
電気双極子⋯⋯⋯⋯⋯⋯⋯⋯⋯	102
電気双極子モーメント⋯⋯⋯⋯	100, 102
電気素量⋯⋯⋯⋯⋯⋯⋯⋯⋯⋯	4
電子⋯⋯⋯⋯⋯⋯⋯⋯⋯⋯⋯⋯	2
電子雲⋯⋯⋯⋯⋯⋯⋯⋯⋯⋯⋯	53
電子供与体⋯⋯⋯⋯⋯⋯⋯⋯⋯	145
電子受容体⋯⋯⋯⋯⋯⋯⋯⋯⋯	145
電子親和力⋯⋯⋯⋯⋯⋯⋯⋯⋯	62
電子線の回折⋯⋯⋯⋯⋯⋯⋯⋯	29
伝導帯⋯⋯⋯⋯⋯⋯⋯⋯⋯⋯⋯	158

【と】

動径波動関数⋯⋯⋯⋯⋯⋯⋯⋯	46
動径分布関数⋯⋯⋯⋯⋯⋯⋯⋯	53
等速円運動⋯⋯⋯⋯⋯⋯⋯⋯⋯	22

ド・ブロイ……………………………… 28
ド・ブロイ波…………………………… 28
トムソン…………………………… 2, 29
ドルトン………………………………… 1

【な】

内軌道錯体…………………………… 138

【に】

二重結合……………………………… 77
二重性………………………………… 25

【は】

配位結合……………………………… 129
配位子………………………………… 133
配位数…………………………… 133, 165
配向効果……………………………… 143
倍数比例の法則………………………… 1
ハイゼンベルク……………………… 29
パウリの排他原理…………………… 55
波長…………………………………… 21
パッシェン…………………………… 10
波動方程式…………………………… 33
ハミルトニアン……………………… 36
ハミルトン演算子…………………… 36
パリティ……………………………… 73
バルマー…………………………… 9, 10
バルマー系列………………………… 10
半結合………………………………… 77
反結合性軌道………………………… 70
反結合性領域………………………… 68
反磁性………………………………… 79
バンド………………………………… 158
半導体………………………………… 159
バンド・ギャップ…………………… 159
半閉殻………………………………… 58

【ひ】

非共有電子対………………………… 119
非局在化軌道………………………… 123
非晶質………………………………… 155
被占軌道……………………………… 79
比電荷………………………………… 3

【ふ】

ファラデー…………………………… 4
ファン・デル・ワールス相互作用…… 145
ファン・デル・ワールス半径………… 148
不確定性原理………………………… 29
副殻…………………………………… 58
複合格子……………………………… 156
節……………………………………… 51
不純物準位…………………………… 160
不純物半導体………………………… 160
不対電子……………………………… 79
物質波………………………………… 28
不飽和脂肪酸………………………… 151
ブラケット…………………………… 10
ブラベ格子…………………………… 156
プランク……………………………… 12
プランク定数………………………… 12
プルースト…………………………… 1
分極…………………………………… 100
分光化学系列………………………… 139
分散効果……………………………… 143
分子化合物…………………………… 133
分子軌道……………………………… 69
分子結晶……………………………… 170
分子錯体……………………………… 133
分子性結晶…………………………… 170
フント………………………………… 10
フントの規則………………………… 55

181

【へ】

閉殻……………………………… 58
ベルリン・ダイアグラム……… 68

【ほ】

方位量子数……………………… 48
飽和脂肪酸……………………… 151
ボーアの原子模型……………… 21
ポーリング………………… 100, 109
ボルン…………………………… 37
ボルンの解釈…………………… 37

【ま】

マリケン………………………… 100

【み】

ミリカン………………………… 3

【む】

無極性分子……………………… 103
無定形…………………………… 155

【め】

面心格子………………………… 156

【や】

ヤングの実験…………………… 27

【ゆ】

有核原子模型…………………… 6
誘起効果………………………… 143

誘起双極子……………………… 143
有極性分子……………………… 104
油滴実験………………………… 4

【よ】

陽子……………………………… 4

【ら】

ライマン………………………… 10
ラヴォアジェ…………………… 1
ラザフォード…………………… 5

【り】

立方最密構造…………………… 162
リュードベリ…………………… 10
リュードベリ系列……………… 10
リュードベリ定数……………… 10
量子仮説………………………… 18
量子数…………………………… 41
量子論……………………… 11, 14
両親媒性………………………… 152
リン脂質二重層………………… 153

【れ】

励起状態………………………… 109
励起電子配置…………………… 109
零点エネルギー………………… 41

【ろ】

ローンペア……………………… 119
六方最密構造…………………… 162

〈著者紹介〉

久保田　真理（くぼた　まり）
1997年　慶應義塾大学大学院後期博士課程理工学研究科化学専攻修了
　　　　博士（理学）
現　在　慶應義塾大学医学部　専任講師
専　門　物理化学，化学教育

興味が湧き出る化学結合論	著　者	久保田真理　©2014
基礎から論理的に理解して楽しく学ぶ	発行者	南條光章

An Introduction to
the Theory of Chemical Bonding
for University Freshmen
-a Logical and Stimulating
Approach

発行所　共立出版株式会社

〒112-0006
東京都文京区小日向 4-6-19
電話　03-3947-2511　（代表）
振替口座　00110-2-57035
URL www.kyoritsu-pub.co.jp

2014年4月5日　初版1刷発行
2022年9月10日　初版6刷発行

印　刷　新日本印刷
製　本　協栄製本

検印廃止

NDC 431.12
ISBN 978-4-320-04446-3

一般社団法人
自然科学書協会
会員

Printed in Japan

JCOPY ＜出版者著作権管理機構委託出版物＞
本書の無断複製は著作権法上での例外を除き禁じられています．複製される場合は，そのつど事前に，出版者著作権管理機構（TEL：03-5244-5088，FAX：03-5244-5089，e-mail：info@jcopy.or.jp）の許諾を得てください．

■化学・化学工業関連書

www.kyoritsu-pub.co.jp 共立出版

化学大辞典 全10巻	化学大辞典編集委員会編
大学生のための例題で学ぶ化学入門	大野公一他著
わかる理工系のための化学	今西誠之他編著
身近に学ぶ化学の世界	宮澤三雄編著
物質と材料の基本化学 教養の化学改題	伊澤康司他編
化学概論 物質の誕生から未来まで	岩岡道夫他著
プロセス速度 反応装置設計基礎論	菅原拓男他著
理工系のための化学実験 基礎化学からバイオ・機能材料まで	岩村 秀他監修
理工系 基礎化学実験	岩岡道夫他著
基礎化学実験 実験操作法Web動画解説付 第2版増補	京都大学大学院人間・環境学研究科化学部会編
やさしい物理化学 自然を楽しむための12講	小池 透著
物理化学の基礎	柴田茂雄著
物理化学 上・下 (生命薬学テキストS)	桐野 豊編
相関電子と軌道自由度 (物理学最前線 22)	石原純夫著
興味が湧き出る化学結合論 基礎から論理的に理解して楽しく学ぶ	久保田真理著
現代量子化学の基礎	中島 威他著
工業熱力学の基礎と要点	中山 顕他著
有機化学入門	船山信次著
基礎有機合成化学	妹尾 学他著
資源天然物化学 改訂版	秋久俊博他編集
データのとり方とまとめ方 第2版	宗森 信他訳
分析化学の基礎	佐竹正忠他著
陸水環境化学	藤永 薫編集
走査透過電子顕微鏡の物理 (物理学最前線 20)	田中信夫著
qNMRプライマリーガイド 基礎から実践まで	「qNMRプライマリーガイド」ワーキング・グループ著
コンパクトMRI	巨瀬勝美編著
基礎 高分子科学 改訂版	妹尾 学監修
高分子化学 第5版	村橋俊介他編
高分子材料化学	小川俊夫著
プラスチックの表面処理と接着	小川俊夫著
水素機能材料の解析 水素の社会利用に向けて	折茂慎一他編著
バリア技術 基礎理論から合成・成形加工・分析評価まで	バリア研究会監修
コスメティックサイエンス 化粧品の世界を知る	宮澤三雄編著
基礎 化学工学	須藤雅夫編著
新編 化学工学	架谷昌信監修
化学プロセス計算 新訂版	浅野康一著
環境エネルギー	化学工学会編
エネルギー物質ハンドブック 第3版	(社)火薬学会編
現場技術者のための 発破工学ハンドブック	(社)火薬学会発破専門部会編
塗料の流動と顔料分散	植木憲二監訳

1. 基礎物理定数の値
カッコの中の数値は最後の桁につく標準不確かさを示す．

物理量	記号	数値	単位
真空の透磁率 [a,b)]	μ_0	$4\pi \times 10^{-7}$	$\mathrm{N\ A^{-2}}$
真空中の光速度 [a)]	c, c_0	299 792 458	$\mathrm{m\ s^{-1}}$
真空の誘電率 [a,c)]	$\varepsilon_0 = 1/\mu_0 c^2$	$8.854\ 187\ 817... \times 10^{-12}$	$\mathrm{F\ m^{-1}}$
電気素量	e	$1.602\ 176\ 487(40) \times 10^{-19}$	C
プランク定数	h	$6.626\ 068\ 96(33) \times 10^{-34}$	J s
アボガドロ定数	N_A, L	$6.022\ 141\ 79(30) \times 10^{23}$	$\mathrm{mol^{-1}}$
電子の質量	m_e	$9.109\ 382\ 15(45) \times 10^{-31}$	kg
陽子の質量	m_p	$1.672\ 621\ 637(83) \times 10^{-27}$	kg
中性子の質量	m_n	$1.674\ 927\ 211(84) \times 10^{-27}$	kg
原子質量定数（統一原子質量単位）	$m_u = 1\ u$	$1.660\ 538\ 782(83) \times 10^{-27}$	kg
ファラデー定数	F	$9.648\ 533\ 99(24) \times 10^{4}$	$\mathrm{C\ mol^{-1}}$
ハートリーエネルギー	E_h	$4.359\ 743\ 94(22) \times 10^{-18}$	J
ボーア半径	a_0	$5.291\ 772\ 085\ 9(36) \times 10^{-11}$	m
ボーア磁子	μ_B	$9.274\ 009\ 15(23) \times 10^{-24}$	$\mathrm{J\ T^{-1}}$
核磁子	μ_N	$5.050\ 783\ 24(13) \times 10^{-27}$	$\mathrm{J\ T^{-1}}$
リュードベリ定数	R_∞	$1.097\ 373\ 156\ 852\ 7(73) \times 10^{7}$	$\mathrm{m^{-1}}$
気体定数	R	$8.314\ 472(15)$	$\mathrm{J\ K^{-1}\ mol^{-1}}$
ボルツマン定数	k, k_B	$1.380\ 650\ 4(24) \times 10^{-23}$	$\mathrm{J\ K^{-1}}$
水の三重点 [a)]	$T_{tp}(\mathrm{H_2O})$	273.16	K
理想気体（1 bar, 273.15 K）のモル体積	V_0	$22.710\ 981(40)$	$\mathrm{L\ mol^{-1}}$
標準大気圧 [a)]	atm	101 325	Pa

a) 定義された正確な値である．
b) 磁気定数 magnetic constant ともよばれる．
c) 電気定数 electric constant ともよばれる．

2. SI 基本単位と物理量

物理量	量の記号	SI 単位の名称	記号
長さ	l	メートル metre	m
質量	m	キログラム kilogram	kg
時間	t	秒 second	s
電流	I	アンペア ampere	A
熱力学温度	T	ケルビン kelvin	K
物質量	n	モル mole	mol
光度	I_v	カンデラ candela	cd